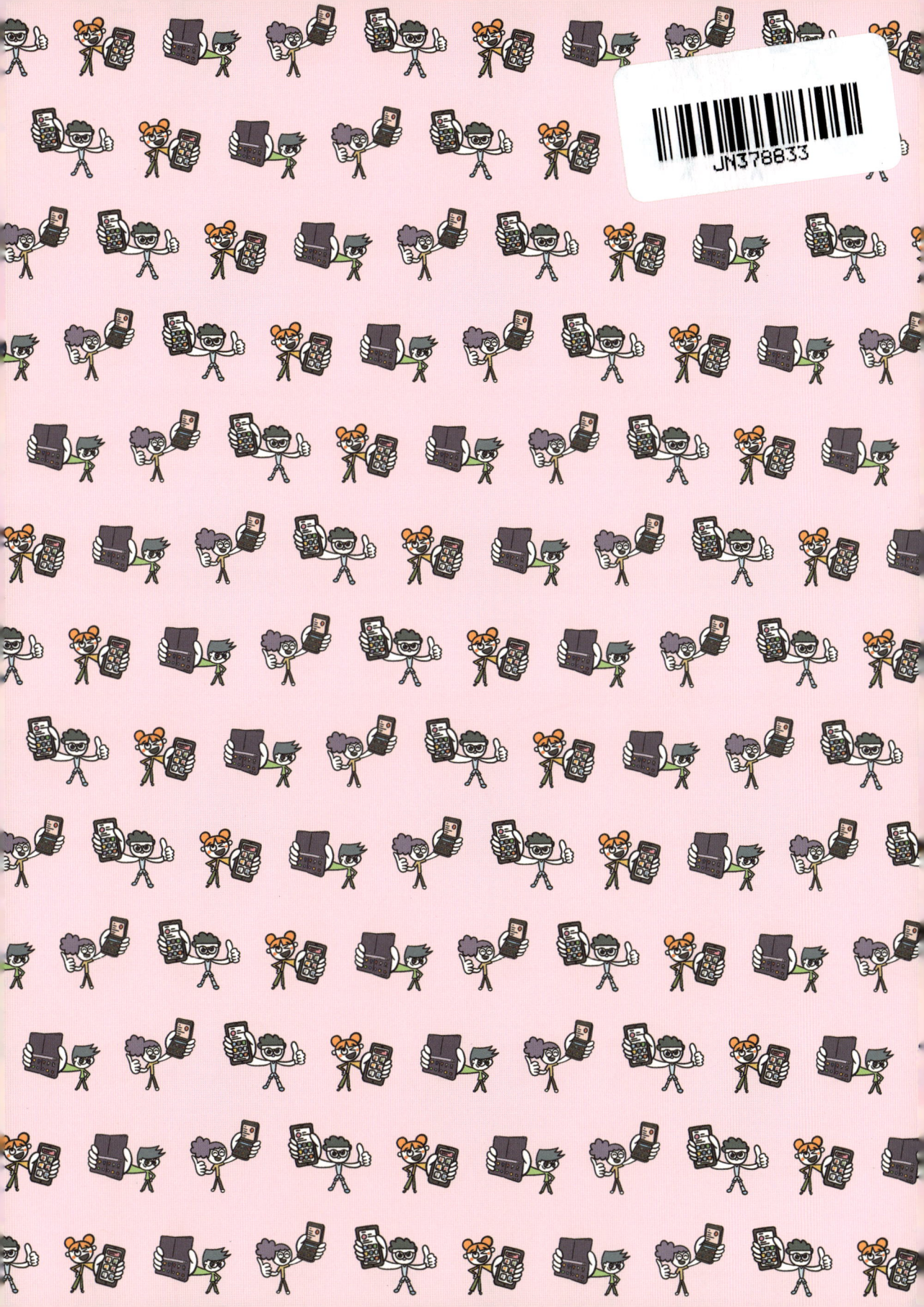

초판 1쇄 발행 2024년 10월 28일
글쓴이 연유진 | **그린이** 방상호
펴낸이 홍석 | **이사** 홍성우
편집부장 이정은 | **책임편집** 조유진 | **디자인** 권영은·김영주 | **외주디자인** 방상호
마케팅 이송희·김민경 | **제작** 홍보람 | **관리** 최우리·정원경·조영행
펴낸곳 도서출판 풀빛 | **등록** 1979년 3월 6일 제2021-000055호 | **제조국** 대한민국 | **사용연령** 8세 이상
주소 07547 서울시 강서구 양천로 583 우림블루나인 A동 21층 2110호
전화 02-363-5995(영업), 02-362-8900(편집) | **팩스** 070-4275-0445
전자우편 kids@pulbit.co.kr | **홈페이지** www.pulbit.co.kr
블로그 blog.naver.com/pulbitbooks | **인스타그램** instagram.com/pulbitkids

ⓒ연유진, 방상호 2024

ISBN 979-11-6172-969-5 (73500)

※책값은 뒤표지에 표시되어 있습니다. ※파본이나 잘못된 책은 구입하신 곳에서 바꿔 드립니다.
※종이에 베이거나 긁히지 않도록 조심하세요. ※책 모서리가 날카로우니 던지거나 떨어뜨리지 마세요.

차례

작가의 말   6

프롤로그 스마트폰, 넌 누구니?

세계 최초의 스마트폰   8
세상을 바꾼 스티브 잡스   10
스마트폰에 날개를 단 앱 장터와 인공 지능   13
바야흐로 스마트폰 시대   16

1장 똑똑해, 그런데 내 정보를 갖고 있다고?

검색도, 메모도 모두 스마트폰으로   21
위기에서 우리를 지켜 줘   22
나를 위한 맞춤 서비스   25
'동의'를 눌러도 될까?   28
클릭 한 번에 개인 정보가 털린다고?   30
'잊힐 권리'와 '디지털 장의사'   33
클라우드를 조심해   35
함께 실천해요: 내 삶을 지키는 개인 정보 보호 실천 수칙   39

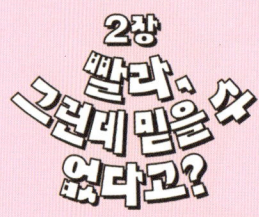

2장 빨라, 그런데 믿을 수 없다고?

언제 어디서나 온라인에 접속   43
빛의 속도로 퍼지는 정보   45
누구나 정보를 퍼뜨리는 시대   46
더 빠르게 퍼지는 가짜 뉴스   49
메아리 방에 갇혔어   53
함께 실천해요: 가짜 뉴스 예방 수칙 지키기   56

세상에서 가장 신기한 장난감	61
누구나 크리에이터가 될 수 있어	63
왜 스마트폰에 중독될까?	65
스마트폰 때문에 망가지는 우리 몸	67
스마트폰 중독에서 벗어나려면	69
함께 실천해요: 스마트폰 중독 테스트	72

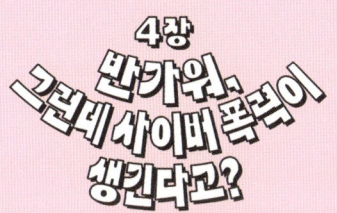

새로운 친구가 생겼어	77
거짓 친구를 조심해	80
정신을 짓밟는 사이버 폭력	82
누구나 사이버 폭력을 겪을 수 있어	84
함께 실천해요: 사이버 폭력에서 벗어나기	87

'발품'이 아닌 '손품'을 파는 시대	91
스마트폰 속으로 들어온 지갑	93
스마트폰 탓에 불편한 사람도 있다고?	95
불편함을 넘어 불평등까지	98
디지털 격차는 왜 나타날까?	100
가난한 나라의 디지털 격차	102
함께 실천해요: 디지털 포용 방법 생각하기	106

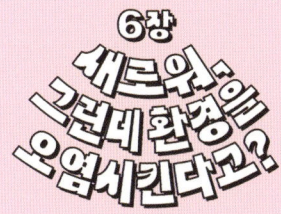

자꾸만 새 폰으로 바꾸고 싶어	111
가격이 비쌀수록 잘 팔린다고?	114
스마트폰이 앞당긴 종이 없는 세상	115
버리는 스마트폰은 지구의 눈물	116
스마트폰을 많이 쓰면 생기는 일	119
스마트폰만 사용해도 탄소가 나와	120
함께 실천해요: 탄소 발자국을 줄이는 스마트폰 사용법	124

작가의 말

여러분, 혹시 도깨비방망이에 대해 들어 본 적 있나요? 도깨비는 옛 선조들이 만든 이야기에 나오는 상상 속 존재예요. 도깨비는 가끔 사람들에게 도깨비방망이를 줘요. 도깨비방망이는 '금 나와라, 뚝딱!' 하면 금은보화가 쏟아지고, 소원을 들어주는 신비한 물건이지요.

그런데 어떤 사람 손에 도깨비방망이가 들어가는지에 따라 이야기는 전혀 다른 방향으로 흘러요. 마음씨 착하고 현명한 사람은 도깨비방망이를 슬기롭게 사용해요. 도깨비방망이 덕분에 어려움을 해결하고 행복해져요. 반면 성미가 고약하고 어리석은 사람은 도깨비방망이로 인해 해를 입어요. 욕심을 채우려고 도깨비방망이를 마구 사용하다 무서운 벌을 받게 되지요.

제 눈에는 스마트폰이 전래 동화 속 도깨비방망이와 꼭 닮았어요. 우리 삶을 더 나은 방향으로도, 더 나쁜 방향으로도 바꿀 수 있는 힘을 갖고 있으니까요.

　스마트폰은 사용자에게 편리함과 재미를 주는 도구예요. 스마트폰을 통해 온라인 세상에서 다양한 사람들을 만나 소통할 수 있어요. 또 동영상, 만화, 게임 등 다양한 콘텐츠를 접하며 즐거운 시간을 보낼 수도 있지요. 그런데 스마트폰에 지나치게 빠지면 어떻게 될까요? 스마트폰이 손에 없으면 불안함을 느끼고, 친구와 이야기할 때도 눈은 스마트폰을 향하고, 스마트폰을 통해 퍼지는 가짜 뉴스 탓에 서로 믿지 못하는 일이 벌어져요.

　스마트폰이 어떤 방향으로 힘을 발휘할지 결정하는 건 우리의 몫이에요. 우리는 스마트폰이라는 도깨비방망이를 삶을 더 나은 방향으로 바꾸는 도구로 만들어야 해요.

　이 책에서는 스마트폰의 두 얼굴을 살펴볼 거예요. 스마트폰을 잘 사용하는 방법은 무엇인지, 무엇을 조심해야 하는지 알아보아요. 또 스마트폰을 슬기롭게 사용하기 위해 실천해야 하는 과제들을 함께 고민해 봐요.

연유진

프롤로그

스마트폰, 너 누구니?

세계 최초의 스마트폰

스마트폰은 영어로 '똑똑한 전화기'라는 뜻이에요. 전화 통화를 하고 문자 메시지를 주고받는 통신 기능 외에도, 생활을 편리하게 만드는 다양한 기능을 가지고 있다는 의미에서 스마트폰이라고 불리게 되었어요.

세계 최초의 스마트폰은 미국의 IBM이라는 회사에서 만든 '사이먼(Simon)'이에요. 1992년에 시험 삼아 만든 제품이 나왔으며 2년 뒤 소비자들에게 판매됐어요. 흑백 터치스크린을 탑재하고 계산기, 주소록, 세계 시각, 메모장, 이메일, 게임 등 다양한 기능을 넣어서 스마트폰의 시조로 평가받아요. 물론 이때는 스마트폰이라는 말이 없었지만요.

스마트폰이라는 용어를 처음 사용한 건 에릭슨이라는 스웨덴 회사였어요. 1997년 컴퓨터 키보드 같은 자판을 단 휴대 전화 '페넬롭(GS88)' 모델을 출시하며 스마트폰이라고 홍보했지요. 이 제품은 흑백 터치스크린에 키보드 같은 커다란 자판까지 있어 작은 컴퓨터처럼 쓸 수 있었어요.

하지만 안타깝게도 사람들은 1990년대에 스마트폰이 나왔다는 사실을 기억하지 못해요. 당시 나온 스마트폰은 크기가 크고 무거워 들고 다니기 어려웠고, 배터리 수명도 짧았어요. 아이디어는 좋았지만, 뒷받침할 수 있는 기술이 부족했던 거지요. 그래서 소비자들도 당시 나온 스마트폰들을 외면했어요. 페넬롭은 겨우 200대 생산됐는데, 제대로 판매되지도 못하고 역사 속으로 사라지고 말았어요.

세상을 바꾼 스티브 잡스

우리 기억 속 첫 스마트폰은 미국의 전자 제품 회사 애플이 개발한 '아이폰 1세대'예요. 애플의 창업자인 스티브 잡스가 아이폰을 최초로 출시한 2007년은 인류 역사에서 매우 중요한 해가 됐지요. 스티브 잡스는 아이폰에서 숫자와 문자를 입력할 수 있는

자판을 과감히 없앴어요. 대신 기기 전체를 덮는 커다란 터치스크린을 달았지요. 손가락으로 화면을 만지는 것만으로 전화, 인

터넷 연결, 음악 재생 등 다양한 일을 쉽게 할 수 있도록 만든 거예요. 휴대 전화는 자판으로 조작해야 한다는 고정 관념을 깨뜨린 획기적인 아이디어였어요.

사실 아이폰 이전에 스마트폰이 아닌 휴대 전화에도 다양한 편의 기능이 들어 있었어요. 간단한 인터넷 검색은 물론 게임도 할 수 있었지요. 다만 휴대 전화 화면이 작고 조작이 어려워서 적극적으로 활용하려는 사람이 없었어요.

확 넓어진 활용 범위 덕분에 아이폰 1세대는 엄청난 성공을 거뒀어요. 출시 첫 주에만 약 27만 대가 팔리면서 소비자들의 열광적인 반응을 이끌어 냈어요. 아이폰은 뒤이어 나올 다른 스마트폰에 큰 영향을 줬어요. 우리가 '스마트폰'이라는 말을 들었을 때 커다란 터치스크린을 손가락으로 부드럽게 조작하는 기기를 떠올리는 건, 다른 제조사들도 아이폰 형태를 참고해 제품을 개발했기 때문이에요.

스마트폰에 날개를 단 앱 장터와 인공 지능

아이폰 1세대가 선풍적 인기를 끌었지만, 초기 스마트폰은 아직 부족한 점이 많았어요. 여전히 사용자들은 스마트폰 제조사가 미리 만들어 설치해 둔 기능만 쓸 수 있었어요. 진짜로 똑똑하다고 하기에는 어딘가 모자란 반쪽짜리 제품이었지요.

그런데 얼마 뒤 스마트폰을 진짜로 똑똑하게 만든 서비스가 등장했어요. 애플이 2008년 앱을 자유롭게 사고파는 장터 '앱 스토어(App Store)'를 처음 열었거든요. 앱은 애플리케이션을 줄인 말로, 스마트폰 같은 전자 기기에서 다양한 기능을 수행하는 응용 프로그램을 뜻해요. 이후 구글, 삼성전자, 마이크로소프트 등 후발 주자들도 앱 장터를 열었지요. 앱 장터가 생기면서 스마트폰은 무궁무진한 능력을 갖게 됐어요. 앱을 설치하기만 하면 스마트폰으로 할 수 있는 일이 몇 배는 많아지지요.

앱 장터에는 누구나 자신이 개발한 앱을 직접 등록할 수 있어요. 물론 심사 과정을 통과해야 해요. 기업들은 사용자들이 좋아할 만한 서비스를 앱으로 만들었어요. 서비스를 이용하는 사람이

많아지면 큰돈을 벌 수 있는 기회도 함께 생기니까요. 자연스럽게 2010년대는 메신저, 배달 서비스, 소셜 미디어, 게임 등 새로운 앱이 폭발적으로 쏟아졌어요. 이러한 서비스를 만드는 곳들은 이른바 '빅 테크(Big Tech)'라 불리는 세계적인 정보 통신 기업으로 성장했어요.

스마트폰의 능력은 인공 지능(AI)의 발전과 함께 또다시 진화하고 있어요. 인공 지능은 우리가 일상적으로 쓰는 말을 알아듣고, 주변에서 벌어지는 일을 인지하는 등 인간의 지적 능력을 컴퓨터로 구현한 기술이에요. 인공 지능이 있으면 터치 스크린을 사용하지 않아도 스마트폰에 다양한 일을 주문할 수 있어요. "영어 단어 뜻을 알려 줘.", "친구와 만나기로 한 약속을 일정에 등록해 줘."처럼 말이지요. 또한 영어, 일본어 등 다양한 외국어를 번역하거나 긴 문서를 보고 핵심만 뽑아 요약할 수도 있지요. 앞으로 스마트폰이 할 수 있는 일이 어디까지 늘어날지 궁금하지 않나요?

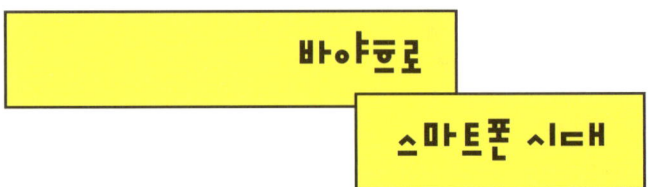

바야흐로 스마트폰 시대

우리는 스마트폰 시대에 살고 있어요. 과학 기술 정보 통신부가 발표한 조사에 따르면 2022년 이후 우리나라 국민(만 6세 이상 기준)의 스마트폰 보유율은 98퍼센트를 넘겼다고 해요.

이제 우리는 스마트폰 없는 삶은 상상할 수 없어요. 일상 속 어떤 일이든 스마트폰과 연결되어 있지요. 친구와 소통할 때는 스마트폰으로 메시지를 주고받고, 정보를 찾을 때는 스마트폰의 인터넷 앱을 이용해요. 각종 쇼핑 앱으로 집 안에 앉아서 장을 보고, 은행 앱을 이용해 은행 업무도 보고요. 이뿐이게요? 스마트폰으로 누구나 콘텐츠를 만들고 유통할 수도 있어요.

하지만 스마트폰 시대가 오면서 과거에는 생각지도 못했던 문제들이 생겼어요. 스마트폰을 이용해 개인 정보를 탈취하고, 가짜 뉴스를 퍼뜨리고, 폭력을 저지르는 사람이 많아졌거든요. 스마트폰이 범죄자들의 강력한 무기가 된 거예요. 폭증하는 전자 폐기물과 전기 사용량 탓에 지구 환경이 위협받기도 하고, 디지털 격차로 사회적 불평등이 커지기도 하고요.

 이처럼 스마트폰 시대에는 밝은 면과 어두운 면이 공존하고 있어요. 스마트폰의 역사를 살펴보았으니, 이제 스마트폰이 우리 생활을 어떻게 바꾸었는지 자세히 들여다볼까요?

검색도, 메모도 모두 스마트폰으로

스마트폰이 똑똑한 전화기가 된 건 앱 장터에서 자유롭게 앱을 다운로드할 수 있게 된 이후부터예요. 앱을 설치하는 순간 스마트폰이 할 수 있는 일이 새롭게 추가되지요. 2024년 기준 전 세계에서 다운로드할 수 있는 앱은 애플 앱 스토어에 180만 개, 구글 플레이 스토어에 390만 개나 있어요. 이밖에 다른 앱 장터까지 합치면 그 수는 훨씬 늘어나지요. 어마어마한 앱 숫자만큼 스마트폰으로 할 수 있는 일도 정말 많아졌어요.

기능이 많은 만큼, 사용자가 어떻게 쓰느냐에 따라 스마트폰 활용 방법은 다양해져요. 지금부터 어린이가 다양한 앱을 이용해 스마트폰을 똑똑하게 사용하는 방법을 알려 줄게요.

친구와 만나기로 한 약속을 자꾸 잊어버린다고요? 달력 앱에 약속 시간과 장소를 적어 봐요. 숙제를 까먹거나 자꾸 미뤄서 걱정이라고요? 리마인더 앱을 써 봐요. 리마인더는 내가 정한 시간에 해야 할 일을 알림으로 알려 주는 기능이에요. 궁금한 게 있을 때 도움을 받을 방법은 없을까요? 그럴 땐 인터넷 브라우저 앱을 열어 네이버, 구글, 빙 등 검색 엔진에 접속해요. 검색창에 궁금한 키워드를 검색하면 해당 키워드에 대한 다양한 정보가 마구 쏟아져요. 긴 글을 핵심만 간추려 요약하거나 수학 문제를 푸는 법을 친절하게 알려 주는 앱도 있어요. 나날이 발전하고 있는 인공 지능을 이용한 기능이지요.

이런 다양한 앱들은 모두 앱 장터에서 다운로드할 수 있어요. 비슷한 기능을 제공하는 여러 앱을 자유롭게 비교한 뒤, 마음에 쏙 드는 앱을 고르면 돼요. 물론 더 이상 사용하지 않는 앱이 있다면 삭제하면 되고요.

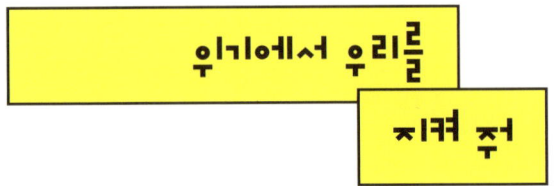
위기에서 우리를 지켜 줘

만약 혼자 다니다 길을 잃으면 어떻게 해야 할까요? 어린이를 납치하려는 나쁜 범죄자를 만나면 어디에 도움을 요청해야 할까요? 걱정하지 말아요. 스마트폰이 위기에 빠진 여러분을 도와줄 거예요.

스마트폰에는 'SOS 기능'이 있어요. 기기에 따라 작동 방법은 다르지만, 측면 버튼을 길게 꾹 누르거나 힘차게 흔드는 것만으로도 부모님께 긴급 구조 요청을 보낼 수 있지요. 일부 스마트폰에

는 자동으로 위험한 상황을 감지하고 긴급 신고하는 기능이 있기도 해요. 이때 스마트폰은 위치 정보도 함께 전송해요. 위치 정보

가 있으면 경찰관, 소방관이 출동할 때 훨씬 빠르게 우리를 찾을 수 있으니까요. 정말 든든하지요?

이러한 기능 덕분에 목숨을 구한 운전자도 있어요. 몇 년 전 우리나라에서 자동차가 가로수를 들이받는 교통사고가 났어요. 그러자 스마트폰이 충돌을 감지하고 119에 자동으로 신고를 하며

위치 정보를 보냈어요. 운전자가 의식을 잃은 상태였지만, 똑똑한 스마트폰 덕분에 구조대가 사고 장소로 빠르게 출동할 수 있었지요.

스마트폰은 우리의 건강을 지켜 주는 역할도 해요. 시계, 반지, 팔찌 형태로 몸에 착용할 수 있는 웨어러블 기기를 스마트폰과 연

결하면 우리 몸이 보내는 다양한 신호를 모을 수 있지요. 심장 박동 수, 수면 시간, 운동 시간 등을 추적해 건강 상태를 확인하고 개선할 점을 찾는 것이지요.

재난이 발생했을 때도 스마트폰은 훌륭한 도우미가 돼요. 지진, 태풍 등 자연재해나 코로나19와 같은 전염병이 퍼질 때 스마트폰이 있으면 신속하게 알림을 받을 수 있어요. 정부도 주요 시설에서 전자 출입 명부를 작성하도록 하거나 피해 사실을 신고받는 등 위기를 극복하기 위한 도구로 스마트폰을 활용하곤 해요.

나를 위한 맞춤 서비스

혹시 이런 경험 있나요? 여행을 갔더니 스마트폰의 시간, 날씨 정보가 새로운 장소에 맞춰 자동으로 바뀌고, 검색 엔진에서 찾아본 장난감에 대한 정보가 소셜 미디어 게시물에 나타난 경험이요! 도대체 스마트폰은 어떻게 우리 마음을 읽고 필요한 정보만 쏙쏙 알려 줄까요?

24시간 곁에 있는 스마트폰은 우리에 대한 모든 것을 알고 있어

요. 우리의 스마트폰 이용 기록을 통해서요. 관심사와 취향은 물론 위치 정보와 건강 상태까지, 사적이고 민감한 정보 모두요. 그래서 사용자가 필요하거나 좋아할 만한 것들을 쏙쏙 골라 화면에 배달해 줄 수 있는 것이

지요. 이걸 개인 맞춤 서비스라고 해요.

　스마트폰은 사용자가 어디에 있는지, 어떤 앱을 자주 사용하는지, 무엇을 검색하는지, 어떤 동영상을 자주 보는지, 무엇을 구매하는지

등 다양한 정보를 수집해요. 수집한 정보를 분석해 내가 좋아할 만한 것들을 예측하는 것이지요. 기업들은 스마트폰이 수집한 정보를 건네받아 우리에게 맞춤 서비스를 제공하고요.

이때 스마트폰이 수집한 사용자의 활동 정보는 모두 개인 정보에 해당해요. 우리가 흔히 생각하는 이름, 주민 등록 번호, 성별 같은 인적 사항이 아니더라도 사는 곳, 친한 친구, 관심사처럼 사용자만 아는 아주 개인적인 정보니까요. 정보 하나만 보았  을 때는 누구 것인지 알아볼 수 없어도, 다른 정보와 합쳐 보았을 때 누구 것인지 파악할 수 있다면 모두 개인 정보에 해당하지요.

'동의'를 눌러도 될까?

새로운 소셜 미디어나 게임 앱을 다운로드했는데 회원 가입을 하는 과정이 너무 귀찮다고요? 자꾸 어려운 말을 보여 주면서 '동의'를 누르라고 한다고요?

> 맞춤 서비스를 제공하기 위한
> 개인 정보 사용에 동의하겠습니까?
> 동의하지 않더라도 서비스는 사용할 수 있지만,
> 사용자가 관심 없는 정보가 노출될 확률이 높아집니다.

그래서 제대로 내용을 읽지도 않고 '전체 동의'를 눌렀다고요? 다음부터는 절대 그러면 안 돼요! 이건 기업들이 스마트폰에서 개인 정보를 마음대로 수집할 수 없기 때문에, 개인 정보의 주인인 우리에게 동의를 구하는 절차예요. 빅 테크에 과도한 정보를 주지 않으려면 함부로 '동의'를 누르면 안 돼요. 이게 무슨 말인지 지금부터 알아봐요.

빅 테크는 애플, 구글, 마이크로소프트, 메타(페이스북 운영사), 카카오, 네이버처럼 정보 통신 시대에 크게 성장한 기업을 말해요. 빅 테크는 스마트폰 단말기를 만들거나 모바일 운영 체제, 검색 엔진, 소셜 미디어, 메신저 등 스마트폰에서 꼭 사용하는 필수 서비스를 제공하지요. 누구나 스마트폰을 쓰려면 빅 테크에서 만든 제품과 서비스를 이용할 수밖에 없어요. 지금 바로 내가 쓰는 스마트폰을 봐 봐요. 앞서 말한 빅 테크의 제품과 서비스를 사용하고 있을 거예요.

자연스레 빅 테크는 엄청난 힘을 갖게 됐어요. 스마트폰을 통해 전 세계 사람들의 개인 정보를 갖게 됐으니까요. 만약 빅 테크 기업이 나쁜 마음을 먹은 누군가에게 개인 정보를 마음대로 넘기거나, 개인 정보를 엉뚱한 목적으로 사용한다면 전 세계는 혼란에 빠질 거예요.

그러니까 우리는 개인 정보를 제공할 때 신중해야 해요. 귀찮더라도 약관을 꼼꼼히 읽고, 원하는 서비스를 받는 데 필요한 만큼만 개인 정보를 제공하겠다고 동의해야 해요. 빅 테크가 내게 필요 이상으로 많은 정보를 수집하지 않는지 항상 날카로운 눈으로 지켜볼 준비됐지요?

클릭 한 번에 개인 정보가 털린다고?

최근 개인 정보를 입력하라는 수상한 문자를 받은 적 있나요? 문자를 살펴보다 무심코 링크를 누른 적은요? 그런 경험이 있다면 당장 부모님에게 달려가 알려야 해요.

스마트폰에는 수많은 개인 정보가 저장되어 있어요. 그러다 보니 스마트폰 속 개인 정보를 훔쳐 나쁜 목적으로 사용하려는 사람

들이 생겨났지요. 이처럼 개인 정보를 탈취해 벌이는 범죄를 '피싱(Phishing)'이라고 불러요. 개인 정보(Private Data)와 낚시(Fishing)의 합성어로, 마치 낚시하는 것처럼 남의 개인 정보를 낚아서 범죄를 저지른다는 뜻이지요.

해커들은 피싱을 하기 위해 주로 링크가 포함된 문자를 보내요. 링크를 누르면 나도 모르는 사이 해커들이 만든 악성 앱이 스마트폰에 설치돼요. 악성 앱은 스마트폰에 저장된 수많은 개인 정보를 도둑질해서 해커들에게 전송해요. 곧 해커들은 스마트폰 주인의 모든 것을 속속들이 알게 돼요. 연락처를 통해 가족 관계와 친구 관계를 알 수 있고요. 위치 정보를 통해 어디 사는지, 어느 학교를 다니는지, 어디에 자주 가는지도 파악할 수 있지요. 검색 기록을 통해서는 무엇에 관심이 있는지 짐작할 수 있어요. 해커들은 이렇게 확보한 개인 정보를 범죄에 이용해요. 스마트폰 주인을 사칭해 주변 사람에게 연락해 돈을 빌려 달라고 하거나, 숨기고 싶은 비밀을 캐내 비열하게 협박하기도 하지요.

　특히 요즘에는 어린이와 청소년을 표적으로 삼는 피싱이 많이 발생하고 있어요. 마치 생활에 꼭 필요한 정보처럼 위장하고 여러분을 속이지요. 그러니 이상한 문자 메시지를 받았다면, 절대로 링크를 누르지 말고 꼭 선생님이나 부모님께 도움을 요청해요.

'잊힐 권리'와 '디지털 장의사'

내가 좋아하는 아이돌이 소셜 미디어에 사진을 올렸다가 5분 만에 지웠다고요? 그런데 그사이 누군가 사진을 저장해 커뮤니티에 올렸다고요? 그래서 몇 년이 지난 지금까지도 사진이 온라인에 남아 있다고요? 저런, 안타까운 일이네요. 그 사진은 앞으로 'ㅇㅇㅇ의 과거 사진', 'ㅇㅇㅇ이 실수로 올린 사진' 같은 제목을 달고 영원히 온라인을 떠돌지 몰라요.

디지털 발자국은 우리가 온라인에 남긴 여러 흔적을 의미해요. 글, 사진, 댓글, 구매 이력, 검색 기록, 개인 정보 등을 모두 포함하지요. 무심코 남긴 디지털 발자국은 때때로 우리를 곤란하게 만들어요. 오래전에 남긴 개인 정보가 검색 엔진에 나타나서 사생활 침해를 당하거나, 지우고 싶은 '흑역사'가 되어 이곳저곳 떠돌아다니곤 하거든요.

디지털 발자국은 스마트폰이 널리 보급되면서 심각한 사회 문제가 됐어요. 스마트폰 때문에 온라인에서 활동하는 시간이 길어지자 디지털 발자국이 폭발적으로 늘어났거든요.

디지털 발자국은 퍼지는 건 쉬운데 지우기는 어려워요. 스마트폰 화면을 이미지로 만드는 '스크린샷'을 찍으면, 1초 만에 흔적

을 복제해 이미지로 만들 수 있거든요. 온라인 속어로 이걸 '박제'라고 하지요. 처음 남긴 흔적을 지우더라도 누군가 박제한 정보를

온라인에 올리는 순간, 디지털 발자국은 거짓말처럼 되살아나요.

오죽하면 '디지털 장의사'라는 직업도 생겼어요. 온라인에 퍼진 흔적 때문에 곤란을 겪는 사람들이 늘면서, 디지털 발자국을 지우는 일을 전문으로 하는 사람까지 생긴 거예요. 피해를 입은 사람들의 '잊힐 권리'를 보호해 주는 것이지요.

그러니 스마트폰을 사용할 때는 온라인에 함부로 흔적을 남기지 않도록 조심해야 해요. 또한 남의 정보를 함부로 올리거나 퍼뜨리면 안 돼요. 재미있다고 여기저기 공유하고 소비하는 행동도 하면 안 되고요.

클라우드를 조심해

스마트폰을 잃어버렸다 되찾은 적 있나요? 스마트폰을 다시 찾을 때까지 아마 심장이 콩닥콩닥 뛰었을 거예요. 부모님에게 혼날까 봐 두려운 건 물론이고, 추억이 담긴 수많은 사진과 동영상부터 가족과 친구의 연락처까지 송두리째 날아갈지 몰라 아찔했을 테니까요.

하지만 다행히 정보가 송두리째 날아가는 일은 잘 일어나지 않아요. 스마트폰이 사진, 주소록, 메모 등 중요한 정보들을 '클라우드'라는 곳에 저장하고 있거든요.

스마트폰 설정 메뉴에 들어가면 데이터를 백업(Backup)할지 선택할 수 있는데, 이게 바로 클라우드로 중요한 정보를 보내겠다는 뜻이지요. 백업이란 데이터가 손상되는 것을 대비해 똑같은  파일을 여분으로 복사해 두는 것을 말해요. 클라우드는 하늘을 쳐다보면 어디서든 볼 수 있는 구름처럼, 온라인에 접속하기만 하면 어디서든 데이터를 저장하고 불러올 수 있는 거대한 중앙 컴퓨터를 의미해요.  덕분에 스마트폰이 고장 나거나 사라지더라도 그 속에 있는 자료를 안전하게 찾을 수 있어요. 클라우드에 접속해 다시 내려받으면 되지요. 클라우드는 정말 고마운 존재이지요?

그런데 때로는 클라우드가 스마트폰 속에 있는 정보를 빼돌리는 스파이 역할을 하기도 해요. 우리가 깨닫지 못하는 사이에, 숨기고 싶은 자료가 클라우드에 저장될 수 있거든요. 누군가 클라우드 계정을 탈취하면 민감한 정보를 속속들이 볼 수 있게 되는 거예요.

그렇기 때문에 스마트폰을 사용할 때는 클라우드가 우리가 원하는 방식으로 작동하는지 꼭 확인해야 해요.

새 스마트폰을 구입하면 꼭 설정을 확인하고 클라우드에 어떤 정보를 보관할지 직접 결정해요. 스마트폰과 연결된 여러 클라우드 중 어디로 내 정보를 보내는지도 파악하고요. 만약 '자동 백업'이나 '동기화' 기능이 켜져 있다면, 나도 모르는 사이에 민감한 정보를 전송하고 있을 가능성이 있어요. 이럴 땐 필요한 정보만 클라우드로 보내도록 반드시 조치를 취해야 하지요.

구름 속으로 간 정보는 언제나 해킹의 위협에 노출되어 있다는 사실, 잊지 말아요!

> 함께 실천해요

내 삶을 지키는 개인 정보 보호 실천 수칙

개인 정보를 지키고 디지털 범죄 위협에서 스스로를 지키려면 올바른 스마트폰 사용 습관이 중요해요. 개인 정보 보호 실천 수칙을 살펴보며, 개인 정보를 지키는 방법을 알아봐요.

1. 비밀번호는 타인이 쉽게 유추하지 못하도록 설정하기
알파벳 대문자, 소문자, 특수 문자, 숫자를 세 가지 이상 조합하여 여덟 자리 이상으로 설정해요.

2. 개인 정보 동의 시 동의 내용을 꼼꼼히 확인하고 체크하기
과도한 개인 정보를 수집하지 않는지 확인해요. 제3자 제공 등 선택 사항은 꼭 필요한 경우에만 동의해요.

3. 소셜 미디어 게시글 업로드 시 개인 정보 노출하지 않기
사진이나 동영상을 업로드할 때 이름, 주소, 연락처 등 개인 정보가 노출되지 않았는지 확인해요.

4. 스마트폰, 소셜 미디어, 클라우드 등 2단계 인증 설정하기
다른 기기에서 로그인할 때 한 번 더 본인 확인을 하도록 설정해요.

5. 택배 송장, 카드 영수증은 반드시 찢어서 버리기
택배 송장과 카드 영수증에는 주소, 연락처, 카드 정보 등이 있어요. 그대로 버려져 범죄에 악용되지 않도록 주의해요.

출처: 개인 정보 보호 위원회, 한국 인터넷 진흥원

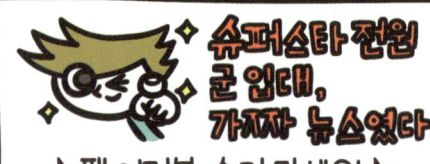

언제 어디서나 온라인에 접속

여러분의 부모님이 어린 시절을 보내던 2000년대에는 온라인을 탐험하기 위해서 많은 준비가 필요했어요. 우선 인터넷에 접속하기 위해 집, 학교, 사무실 같은 곳에 간 다음, 그곳에 있는 근거

리 통신망 랜(LAN)을 찾아 컴퓨터에 연결해요. 케이블로 연결하는 유선 랜은 물론이고 흔히 와이파이(Wi-Fi)라고 불리는 무선 랜도 신호가 닿는 범위를 벗어나면 연결이 끊어지니까, 꼭 실내에 머물러야 하고요. 어휴, 인터넷에 한 번 접속하는 게 정말 힘들었겠지요?

그래서 당시 사람들은 수시로 온라인 세상과 연결이 끊겼어요. 버스, 기차 같은 대중교통을 타거나 길을 걷고 있을 때는 오프라인 상태가 되었어요. 도시를 벗어나 통신망이 깔리지 않은 산과 들로 나가면 더더욱 온라인에 접속할 수 없었고요.

그런데 2010년대부터 세상이 변하기 시작했어요. 사람들이 온라인에서 머무르는 시간이 가파르게 늘어났지요. 정부가 실시한 인터넷 이용 실태 조사를 보면 2000년에 인터넷을 이용하는 국민의 비율은 열 명 중 네 명에 불과했지만, 2017년 이후에는 열 명 중 아홉 명까지 늘어났다고 해요.

이러한 변화를 이끈 일등 공신은 스마트폰과 통신 기술의 발달이에요. 스마트폰은 사용자가 인터넷과 게임 등 온라인에 쉽고 간편하게 접근할 수 있게 발달했고요. 통신 기술은 전국에 데이터를 빠르게 주고받을 수 있는 이동 통신망을 깔고, 무료 와이파이를 사용할 수 있는 지역을 늘리는 등 언제 어디서나 온라인 접속을 원활하게 돕고 있지요. 이제 우리는 온라인에 접속하기 위해 특별한 준비가 필요하지 않아요. 그저 주머니 속 스마트폰을 꺼내기만 하면 되지요.

빛의 속도로 퍼지는 정보

스마트폰을 통해 24시간 온라인에 연결돼 있다면 어떤 일이 생길까요? 시간과 공간의 제약에서 벗어나 정보를 빠르게 주고받을 수 있게 돼요.

다시 2000년대로 가 볼까요? 사람들은 아침에 일터로 출근하기 전 집 앞에 배달된 신문을 읽으며 일기 예보를 확인했어요. 운동, 요리 등 각종 생활 정보는 TV 프로그램을 보며 얻었고, 저녁 식사가 끝날 즈음 TV 뉴스를 보며 하루를 마무리했어요.

이처럼 과거에는 대중 매체가 움직이는 시간에 맞춰 정보가 전달됐어요. 대중 매체는 신문, TV, 라디오처럼 정해진 시간에 수많은 사람에게 동시에 정보를 전달하는 매체를 말해요. 그러다 보니 사건이 발생하고 정보가 퍼지는 데까지 짧게는 몇 시간부터 길게는 며칠까지 시차가 생겼지요.

하지만 스마트폰이 나오면서 사람들은 더 이상 대중 매체가 움직이는 시간에 일상을 맞추지 않아도 돼요. 주요 사건 사고부터 주변 사람들이 공유하는 소식까지, 다양한 정보를 언제 어디서나 원하는 시간에 확인할 수 있게 되었지요. 자연스레 정보는 빛의 속도로 빠르게 퍼지게 되었고요. 게다가 놓치면 안 되는 정보는 스마트폰에서 먼저 알람을 보내 주기도 해요.

누구나 정보를 퍼뜨리는 시대

2023년 튀르키예 남동부에서는 규모 7.8 지진이 발생해 무려 17만 명이 죽거나 다치는 끔찍한 일이 일어났어요. 그러나 비극 속에서도 기적은 꽃피웠어요. 건물 잔해에 갇힌 청년이 구조 요청 영상을 찍어 소셜

미디어에 올린 뒤 여섯 시간 만에 구조됐거든요.

　이러한 기적은 스마트폰이 정보를 생산하는 방식과 퍼지는 경로를 바꾸면서 일어난 거예요. 청년이 직접 자신이 살아 있다는 정보를 널리 알릴 수 있었기 때문에, 극적으로 구조대가 투입될 수 있었어요.

　20년 전만 해도 정보를 생산하는 역할은 기자, 프로듀서, 작가 등 전문 직업인이 도맡았어요. 대중 매체는 전문 직업인이 만든 정보를 널리 퍼뜨려 여론을 만들었어요. 보통 사람들은 대중 매체를 보며 정보를 일방적으로 소비하는 일만 했지요.

　하지만 요즘은 전문 직업인이 아니어도 누구나 정보를 생산하고 퍼뜨릴 수 있어요. 스마트폰만 있으면 쉽게 사진, 영상을 촬영하거나 글을 작성할 수 있거든요. 직접 만든 정보를 소셜 미디어, 메신저, 웹사이트 등 다양한 매체에 올리면 세상에 널리 알릴 수 있지요. 온라인에서 접한 정보를 이곳저곳 적극적으로 공유하며 널리 퍼뜨리는 역할도 할 수 있고요.

　특히 인플루언서는 온라인에서 대중 매체에 견줄 만한 정보 전달 능력을 갖고 있어요. 인플루언서는 영향력을 끼치는 사람이라는 뜻인데, 보통 소셜 미디어에서 수백 명 이상의 구독자나 팬을 가진 유명인을 가리켜요. 오프라인에서 목소리가 큰 사람의 말이 더 잘 들리는 것처럼, 온라인에서는 구독자가 많은 사람의 말이 훨씬 더 널리 퍼지지요.

각종 뉴스와 프로그램에서 얻는 정보부터 우리가 평소 구독하는 인플루언서들이 제공하는 정보까지. 덕분에 우리가 접하는 정보량은 엄청나게 늘었어요. 이뿐만이 아니에요. 매일 인스타그램에 접속해 게시물을 올리는 사람은 하루에 5억 명이나 된다고 해요. 다른 소셜 미디어까지 생각한다면 셀 수 없이 많고요. 전문 직업인과 대중 매체만이 정보를 생산하고 퍼뜨리던 시절에는 상상할 수 없을 만큼 엄청난 양이에요. 그야말로 '정보의 홍수'라고 부를 만하지요?

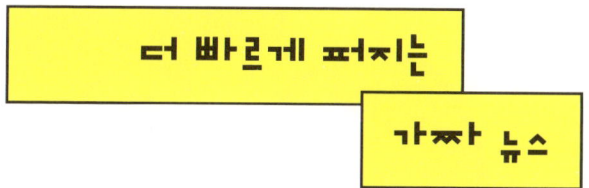

더 빠르게 퍼지는 가짜 뉴스

"뭔가 이상한데? 그거 어디서 본 거니?"

가끔 부모님은 우리 말을 그대로 믿지 않아요. 스마트폰에서 봤다고 하면 틀린 정보일 수도 있다며 한 번 더 확인하지요. 부모님

은 우리를 믿지 못하는 걸까요?

　부모님은 누구보다도 여러분을 믿어요. 부모님이 믿지 못하는 건 여러분이 정보를 얻는 창구인 스마트폰이에요. 스마트폰이 항상 신선하고 질 좋은 정보만 전달하는 게 아니거든요.

　요즘 스마트폰을 타고 '가짜 뉴스'가 심각한 수준으로 번지고 있어요. 가짜 뉴스는 사람들을 속이기 위해 의도적으로 거짓을 섞어 만든 정보를 의미해요. 특히 소셜 미디어와 모바일 메신저에서 어렵지 않게 볼 수 있어요.

　누가 왜 가짜 뉴스를 만들까요? 대개 조회 수와 구독자 수를 높

여 돈을 벌거나, 사람들의 판단력을 흐리게 해서 정치적 이익을 챙기려는 사람들이 가짜 뉴스를 생산해요.

 에이, 가짜와 진짜는 딱 보면 구별할 수 있다고요? 물론 여러분이 호언장담한 대로 누구나 딱 알아차릴 만큼 조악한 가짜 뉴스도 있을 거예요. 하지만 주의 깊게 보지 않으면 알아차릴 수 없을 만큼 정교하게 만든 가짜 뉴스도 있어요. 예

를 들어 진짜 언론사에서 쓴 기사를 살짝 고쳐서 거짓말을 섞거나, 공신력 있는 인물이나 기관이 운영하는 것처럼 보이는 사칭 계정을 만든 뒤 가짜 뉴스를 퍼뜨리는 거예요. 이렇게 정교하게 만든 가짜 뉴스는 꼼꼼하게 확인하지 않으면 깜빡 속아 넘어가기 쉬워요.

 가짜 뉴스는 진실을 담은 뉴스보다 더 빠르게 퍼져요. 2018년 미국 매사추세츠 공대 경영 대학원의 연구진은 소셜 미디어 사용자 300만 명이 공유한 뉴스를 추적하는 연구를 했어요. 그러자 가짜 뉴스가 진짜 뉴스보다 무려 여섯 배나 빠르게 퍼진다는 사실을 발견했지요. 가짜 뉴스를 본 사용자가 '공유하기'를 눌러 다시 퍼뜨릴 확률이 진짜 뉴스를 본 사용자보다 70퍼센트나 더 높았거든요. 도대체 왜 이런 일이 생길까요?

 가짜 뉴스는 대개 진짜 뉴스보다 흥미로워요. 우리는 쉽게 일어날 것 같지 않거나 분노를 불러일으키는 정보를 들었을 때 더욱 흥분하며 주목하거든요. 좋아하는 연예인에 대한 어두운 소문이나 우리 주변에서 끔찍한 범죄가 일어났다는 뉴스를 들었다고 생각해 봐요. 주변에 이걸 알리고 싶어서 입이 근질근질하지 않나요? 가짜 뉴스는 사람들의 이러한 심리를 파고들어요.

메아리 방에 갇혔어

소셜 미디어를 보다 특정 성별, 지역, 종교를 깎아내리고 혐오하는 말을 하는 사람들 때문에 눈살을 찌푸린 경험이 있지요? 요즘 그런 일이 점점 더 많아지는 기분이 드네요. 이건 스마트폰 탓에 메아리 방에 갇힌 사람들이 많아져서 생기는 일이에요. 도대체 메아리 방이 무엇일까요?

우리가 유튜브를 통해 '범죄를 막기 위해서는 꼭 사형제가 필요하다.'라는 내용을 담은 동영상을 열심히 봤다고 상상해 봐요. 시청을 마친 뒤 '좋아요'도 누르고요. 그러면 유튜브 알고리즘이 사형제가 필요하다는 의견을 담은 영상을 많이 추천할 거예요. 알고리즘이란 원래 어떤 문제를 해결하기 위한 규칙과 절차를 의미하는 말이에요. 하지만 동영상 서비스 분야에서는 시청 기록이나 검색 기록을 분석해 목표에 맞는 콘텐츠를 제공하는 체계를 뜻해요. 유튜브 알고리즘은 사람들이 더 오랜 시간 동영상을 시청하도록 설계됐어요.

사람들은 보통 자신과 다른 의견을 듣기 싫어하고, 비슷한 의견을 계속 듣고 싶어 하는 심리가 있어요. 유튜브 알고리즘이 사람들의 이런 심리를 잘 파악한 것이지요.

알고리즘을 통해 내게 제공된 영상만 본다면, 우리는 사형제가 있어야 하는 이유만 수없이 접하게 될 거예요. 또 대다수가 사형제가 필요하다고 생각한다고 믿게 되고요. 왜냐하면 내 알고리즘에는 사형제가 필요 없다고 생각하는 사람의 영상은 뜨지 않을 테니까요.

이처럼 온라인에서 정보를 얻다 보면 알고리즘 탓에 계속 비슷한 소리만 듣게 돼요. 내 목소리가 벽에 부딪혀 한쪽 귀로 들어오고, 반대편 벽과 부딪힌 소리가 다른 쪽 귀로 들어오며 메아리처럼 계속 같은 소리만 듣는 상태가 되는 것이지요. 이러한 현상을 '메아리 방' 효과라고 해요.

스마트폰은 메아리 방에 더 많은 사람을 가두고 있어요. 사람들이 스마트폰을 통해 온라인에 머무르는 시간이 늘어나면서, 알고리즘이 전해 주는 정보에 더 많이 노출되고 있거든요. 메아리 방에서 벗어나려면 알고리즘에만 의존하지 말고 다양한 정보를 직접 찾아봐야 해요. 내가 얻은 정보가 한쪽으로 치우치진 않았는지 늘 확인해야 하고요. 잠시 스마트폰을 끄고 주변 친구들과 찬반

토론을 해 보아도 좋아요. 메아리 방을 나와 다양한 소리를 들어야 한다는 점을 잊지 말아요.

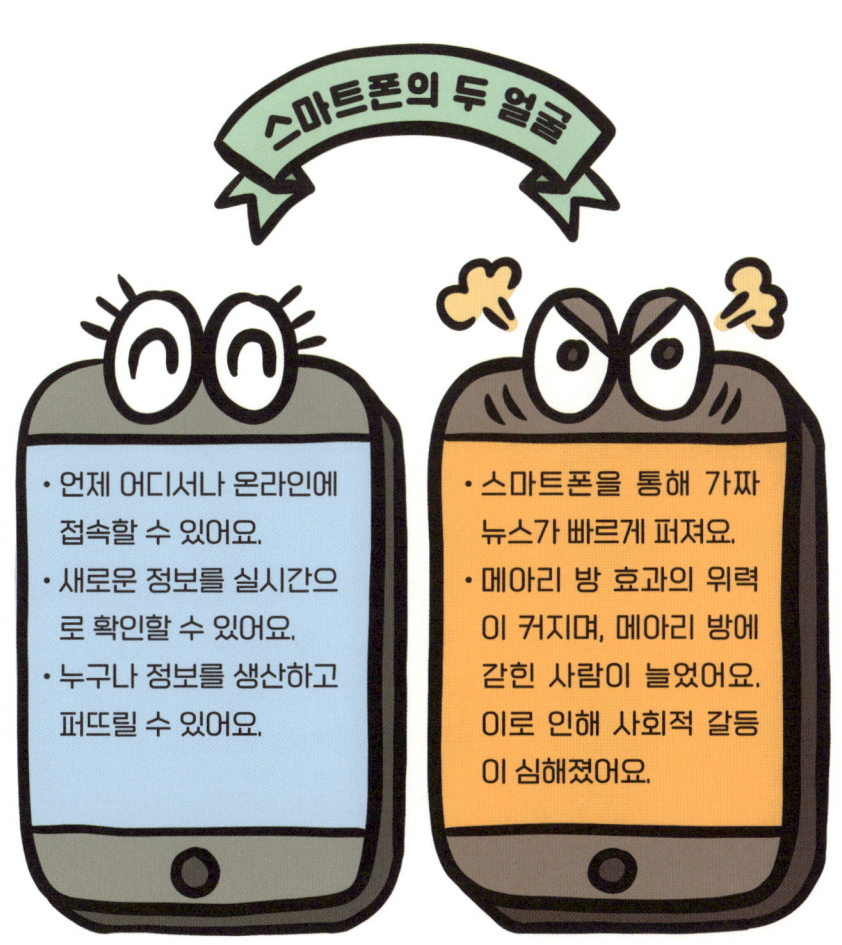

가짜 뉴스 예방 수칙 지키기

함께 실천해요

스마트폰 사용 시 마주칠 수 있는 가짜 뉴스를 거르고, 메아리 방에 갇히지 않기 위해 지켜야 할 예방 수칙이 있어요. 온라인에서 얻은 정보를 이용할 때는 먼저 '3권, 3행, 3금'을 실천해 봐요.

3권(권장합니다)

1. '사실'과 '의견' 구분하기
정보의 내용이 실제 일어난 '사실'인지, 작성자의 주관이 포함된 '의견'인지 구분해요.

2. 비판적으로 사고하기
정보의 근거가 명확하고 논리적인지 따져 봐요.

3. 공유하기 전에 한 번 더 생각하기
공유한 정보는 되돌리기 어려워요. 이 정보를 다른 사람이 그대로 믿어도 괜찮을지 한 번 더 생각한 뒤 공유해요.

3행(행동합니다)

1. 출처·작성자·근거 확인하기
명확한 출처와 작성자, 근거를 포함하고 있는 정보인지 확인해요. 또 다른 사람을 사칭한 것은 아닌지 살펴봐요.

2. 공신력 있는 정보 찾기
믿을 수 있는 문서나 자료, 전문가의 정보를 찾아봐요.

3. 사실 여부 다시 확인하기

내용을 종합적으로 살펴보며 믿어도 되는 정보인지 신중하게 판단해요.

3금(금지합니다)

1. 한쪽 입장만 수용하지 않기

한쪽의 의견만 듣지 않아요. 서로 다른 입장을 확인하고 객관적으로 생각해요.

2. 자극적인 정보에 동요하지 않기

자극적인 내용에 휩쓸려 감정적으로 사실 여부를 판단하지 않아요.

3. 허위 정보를 생산하거나 공유하지 않기

허위 정보를 만들거나 공유하지 않아요. 무심코 허위 정보를 전달하지 않도록 주의해요.

출처: 방송 통신 위원회

세상에서 가장 신기한 장난감

초등학생들에게 어린이날 받고 싶은 선물을 물었을 때 수년째 1위로 꼽힌 물건이 있어요. 그게 무엇일까요? 맞아요, 지금 여러분 머릿속에 떠오른 바로 그것! 스마트폰이에요.

스마트폰은 정말 신기한 장난감이에요. 재미있는 앱을 깔기만 하면 지루하고 심심할 틈이 없어요. 게임 앱을 설치하면 게임기로, 동영상 서비스 앱을 받으면 손안의 영화관으로 변신해요. 음악 재생 앱을 받으면 기분에 맞춰 음악을 무한대로 들을 수 있는 오디오가 될 수도 있어요.

요즘은 스마트폰이 주는 재미에 더 빠져들게 만드는 기술이 있어요. 바로 영

상, 음악, 게임 등을 자유롭게 즐길 수 있게 만들어 주는 스트리밍 기술이에요. 스트리밍(Streaming)은 '끊이지 않고 흐르다.'라는 뜻을 지니고 있어요. 스트리밍 기술 덕분에 용량이 큰 파일을 다운로드하지 않고도 콘텐츠를 자유롭게 즐길 수 있어요. 앱에서 보고 싶은 콘텐츠를 선택하는 즉시 스마트폰 위로 즐거움이 배달되지요.

    스마트폰을 국경을 넘나드는 소통의 도구로 만들 수도 있어요. 다양한 모바일 메신저 서비스를 이용해 친구들에게 쉽게 연락할 수도 있고, 틱톡이나 인스타그램 같은 소셜 미디어에 동영상이나 사진을 올려 내 일상을 공유할 수도 있지요. 소셜 미디어에서는 오프라인에서 한 번도 만난 적 없는 온라인 친구를 사귈 수도 있어요. 친구가 전화 통화하기 어려운 먼 나라에 살아도 괜찮아요. 대다수 메신저나 소셜 미디어 앱은 온라인에 연결되어만 있다면, 지역을 가리지 않고 무료로 전화 통화를 할 수 있거든요. 심지어 영상 통화도요!

누구나 크리에이터가 될 수 있어

혹시 '크리에이터'가 되고 싶나요? 요즘 학교에 가면 크리에이터로 활동하는 친구들을 어렵지 않게 찾아볼 수 있을 거예요. 설마 벌써 크리에이터로 활동하고 있다고요?

크리에이터는 창의적인 아이디어를 바탕으로 새로운 콘텐츠를 만드는 창작자예요. 특히 요즘은 유튜브, 틱톡, 팟캐스트, 블로그

등 디지털 미디어 플랫폼을 무대로 활동하는 사람을 뜻하는 말로 많이 쓰여요. 무엇을 창작하는지에 따라 영상 크리에이터, 여행 크리에이터, 게임 크리에이터, 요리 크리에이터 등 다양한 이름으로 불리지요.

크리에이터가 되는 건 상상만 해도 즐거워요. 크리에이터는 주로 자신이 평소 관심을 갖고 좋아하는 분야를 파고들어 콘텐츠를 만들어요. 직접 만든 콘텐츠를 누군가 공감하고 좋아해 준다면 정말 뿌듯하고 행복해요. 댓글을 이용해 공통 관심사를 지닌 팬들과 소통하는 재미도 쏠쏠하고요.

어떻게 하면 크리에이터가 될 수 있냐고요? 크리에이터가 되는 건 별로 어렵지 않아요. 스마트폰만 있어도 크리에이터가 되기 위한 첫발을 뗄 수 있어요.

우선 스마트폰으로 사진이나 동영상을 촬영해요. 그리고 스마트폰으로 간단한 편집을 해요. 머릿속에 떠오르는 생각을 정리해

글을 쓸 때도 스마트폰을 활용하면 돼요. 다른 사람들에게 콘텐츠를 보여 주는 것도 어렵지 않아요. 유튜브, 틱톡, 네이버 같은 온라인 서비스에 접속한 뒤 내 채널에 콘텐츠를 올리면 되지요.

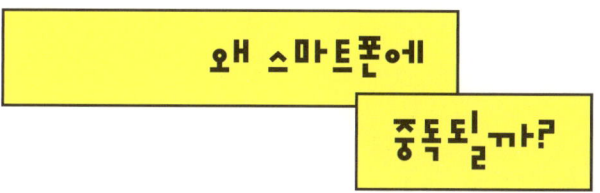

왜 스마트폰에 중독될까?

스마트폰을 가진 뒤 이상한 일이 생기지 않았나요? 학교에서 수업을 들을 때도, 잠자리에 누워 있을 때도, 가족들과 밥을 먹을 때도, 자꾸 머릿속에 스마트폰이 떠올라요. 스마트폰을 보기 시작하면 도무지 멈출 수 없어요. 길을 걸을 때도, 횡단보도를 건널 때도 스마트폰에서 눈을 떼지 못해 위험한 상황이 생겨요. 만약 이러한 증상이 여러분에게 나타난다면 스마트폰 중독을 의심해 봐야 해요.

한 데이터 분석 업체가 발표한 자료에 따르면 우리나라 사람들은 무려 하루 다섯 시간을 스마트폰을 하며 보낸다고 해요. 자는 시간을 빼고 눈을 떠 있는 시간 중 3분의 1을 스마트폰을 하며 보낸다는 뜻이지요. 이 정도면 전 국민이 스마트폰 중독에 빠졌다고

해도 과언이 아니에요.

　사람들이 쉽게 스마트폰에 중독되는 건 도파민 탓이라고 할 수 있어요. 도파민은 두뇌에서 나오는 신경 전달 물질로, 사람이 쾌감을 느끼게 만들어요. 원래는 새로운 것을 탐색하거나 목표를 달성할 때 나와서 '행복 호르몬'이라고도 불려요. 그런데 스마트폰이 주는 강렬한 자극은 도파민 용량을 지나치게 치솟게 해요. 스마트폰이 주는 재미에 적응해 버린 두뇌는 시간이 지날수록 더 큰 자극을 원하게 되고, 일상생활에서는 쉽게 행복을 느끼기 어려워져요. 그러다 보면 결국 스마트폰만 계속 찾는 중독에 빠지게 되고요.

특히 두뇌가 한창 발달하고 있는 어린이들은 도파민의 영향을 더 크게 받아요. 도파민에 중독되지 않도록 스마트폰을 사용할 때는 반드시 적당한 사용 시간을 정해 쓰도록 해요.

스마트폰 때문에 망가지는 우리 몸

스마트폰 중독은 우리 일상생활에 심각한 문제를 만들어요. 특히 현대인들의 건강을 다양한 경로로 위협하고 있지요. 스마트폰이 신체와 정신 건강에 어떤 영향을 미치는지 자세히 알아볼까요?

스마트폰을 사용하며 거리를 걷는 사람을 '스몸비(스마트폰+좀비)'라고 불러요. 넋이 빠진 것처럼 고개를 숙인 채 스마트폰을 보며 걷는 모습이 좀비를 닮아서 이렇게 부르지요. 주변을 잘 살피지 않는 스몸비들은 교통사고를 당하거나 넘어져 다치기 쉬워요. 스마트폰을 보며 길거리를 걷진 않는다고요? 그렇다고 안심하긴 일러요. 길거리만 다니지 않을 뿐, 고개를 숙인 채 스마트폰 화면을 보는 건 누구나 똑같을 테니까요. 이런 자세는 목과 어깨에 부담이 되고, 머리가 어깨보다 앞으로 나오는 거북 목 증후군을 일으키기도 해요.

스마트폰 화면에서는 청색광이 나와요. 청색광이란 디스플레이 장치에서 많이 나오는 푸른 빛으로 우리 눈에 상당한 피로를 줘요. 블루 라이트라고도 하지요. 그래서 자기 전에 스마트폰을 오래 사용하면 제때 잠을 이루지 못하는 수면 장애가 생길 수 있어요. 한 시간 이상 스마트폰 화면을 집중해서 보면 눈이 뻐근해지고요. 이런 일이 반복되면 눈 건강을 해칠 수 있어요.

스마트폰 사용 시간이 길어지면 현실에서 보내는 시간이 줄어

요. 그리고 자연스레 가족, 친구 등 주변인들과의 관계를 소홀히 하게 되지요. 오늘 하루 스마트폰을 너무 많이 사용한 것 같아서 잠깐 멀리하려 해도, 끊임없이 울리는 수많은 알람이 우리를 다시 스마트폰으로 부를 거예요. 이런 알람은 우리의 주의력과 집중력을 흐트러뜨려, 책을 읽거나 영화를 보는 것처럼 오랫동안 집중하는 일을 할 때 어려움을 겪게 만들어요.

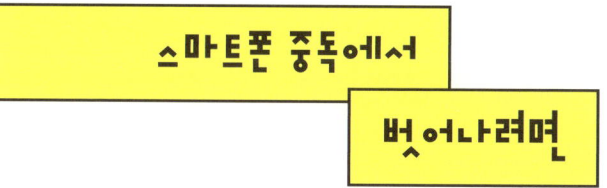

스마트폰을 딱 필요한 만큼만 적절히 사용하는 힘을 기르는 건 꼭 필요해요. 스마트폰 중독에서 벗어나고 자신을 통제하기 위해 할 수 있는 일을 알아봐요.

스마트폰을 사용하면 안 되는 구체적인 시간과 장소를 정해요. 학교나 학원에서 수업을 들을 때, 가족과 함께 식사를 할 때, 잠자리에 들 때처럼 스스로 규칙을 정하고, 이걸 지키는 거예요.

스마트폰 대신 즐길 수 있는 활동을 만들어요. 친구들과 놀이터에서 만나 함께 뛰어놀거나 가족들과 함께 즐길 수 있는 취미를

찾아봐요. 작은 화면을 벗어나 주변 사람들과 즐거운 시간을 보내다 보면 스마트폰에 대한 생각이 멀리 달아날 거예요.

  스스로 정한 규칙을 지키기 어렵다면 앱의 도움을 받을 수도 있어요. 앱에서 미리 설정한 시간에는 전화 통화 외 다른 기능을 사

용하지 못하도록 제한을 거는 거예요.

만약 스마트폰 중독이 심해서 일상생활에 어려움을 겪을 정도라면 반드시 부모님이나 선생님께 알려야 해요. 어려움에서 벗어나기 위해 다른 사람에게 도움을 구하는 일은 정말 용기 있는 행동이에요.

스마트폰의 두 얼굴

- 스마트폰으로 게임도 하고, 영화도 보고, 노래도 들을 수 있어요.
- 스마트폰을 이용하면 크리에이터가 되는 첫발을 쉽게 뗄 수 있어요.

- 스마트폰이 주는 강렬한 자극에 빠지기 쉬워요.
- 스마트폰 중독으로 건강이 나빠져요.
- 스마트폰을 하느라 주변과 소통이 줄어 고립될 수 있어요.

스마트폰 중독 테스트

우리는 스마트폰에 얼마나 의존하고 있을까요? 정부에서는 매년 국민들이 스마트폰에 지나치게 의존하는지 확인하기 위한 조사를 하고 있어요. 내가 건강한 스마트폰 사용 습관을 가지고 있는지, 혹시 이미 중독되어 버린 게 아닌지 테스트해 봐요.

	전혀 그렇지 않다	그렇지 않다	그렇다	매우 그렇다
스마트폰 이용 시간을 줄이려 할 때마다 실패한다.	1	2	3	4
스마트폰 이용 시간을 조절하는 것이 어렵다.	1	2	3	4
적절한 스마트폰 이용 시간을 지키는 것이 어렵다.	1	2	3	4
스마트폰이 옆에 있으면 다른 일에 집중하기 어렵다.	1	2	3	4
스마트폰 생각이 머리에서 떠나지 않는다.	1	2	3	4
스마트폰을 이용하고 싶은 충동을 강하게 느낀다.	1	2	3	4
스마트폰 이용 때문에 건강에 문제가 생긴 적이 있다.	1	2	3	4
스마트폰 이용 때문에 가족과 심하게 다툰 적이 있다.	1	2	3	4

	전혀 그렇지 않다	그렇지 않다	그렇다	매우 그렇다
스마트폰 이용 때문에 친구 혹은 동료, 사회적 관계에서 심한 갈등을 겪은 적이 있다.	1	2	3	4
스마트폰 때문에 업무나 공부 수행에 어려움이 있다.	1	2	3	4

출처: <스마트폰 과의존 실태 조사> 과학 기술 정보 통신부, 한국 지능 정보 사회 진흥원

내 점수는 몇 점인가요? (   )점

나는 어디에 속하나요? 건강한 사용자 / 잠재적 위험군 / 고위험군

청소년 고위험군 31점 이상, 잠재적 위험군 30~23점, 건강한 사용자 22점 이하
성인 고위험군 29점 이상, 잠재적 위험군 28~24점, 건강한 사용자 23점 이하
고위험군은 일상생활에서 심각한 문제가 발생한 상태이고, 잠재적 위험군은 일상생활에서 문제가 발생하기 시작한 단계라고 볼 수 있어요.

새로운 친구가 생겼어

여러분이 생각하는 친구는 누구인가요? 보통 같은 학교를 다니거나 한 동네에 살면서 자주 시간을 보내는 사이를 친구라고 불러요.

그런데 스마트폰 덕분에 친구 관계가 달라지고 있어요. 온라인에서 알게 된 사람과도 새로운 형태의 우정을 쌓을 수 있거든요. 스마트폰으로 소셜 미디어, 커뮤니티, 메타버스 같은 온라인 공간에서 보내는 시간이 길어지면서 생긴 일이에요.

온라인 공간에서는 아이디, 프로필, 아바타 등 가상의 프로필로 자신을 드러내요. 성별, 나이, 사는 곳 등 우리가 지닌 조건을 밝히지 않아도 괜찮아요. 오롯이 글, 사진, 영상에서 드러나는 관심사와 취향을 바탕으로 다른 사람과 교류할 수 있어요.

덕분에 온라인에서는 오프라인에서 쉽게 사귀기 어려운 사람들과 친해질 수 있어요. 예를 들어 내가 미니어처 만들기에 푹 빠져 있다고 해 봐요. 그러면 온라인에서 미니어처 만들기 커뮤니티를 찾아 가입할 거예요. 온라인에는 비슷한 취미와 관심사를 가진 사람들이 모이는 여러 커뮤니티가 있거든요. 그곳에서 지구 반대편에 사는 성별도, 나이도 다르지만 취미가 같은 사람을 만날 수 있어요. 미니어처를 연결고리 삼아 서로 친구가 되는 거지요. 때로

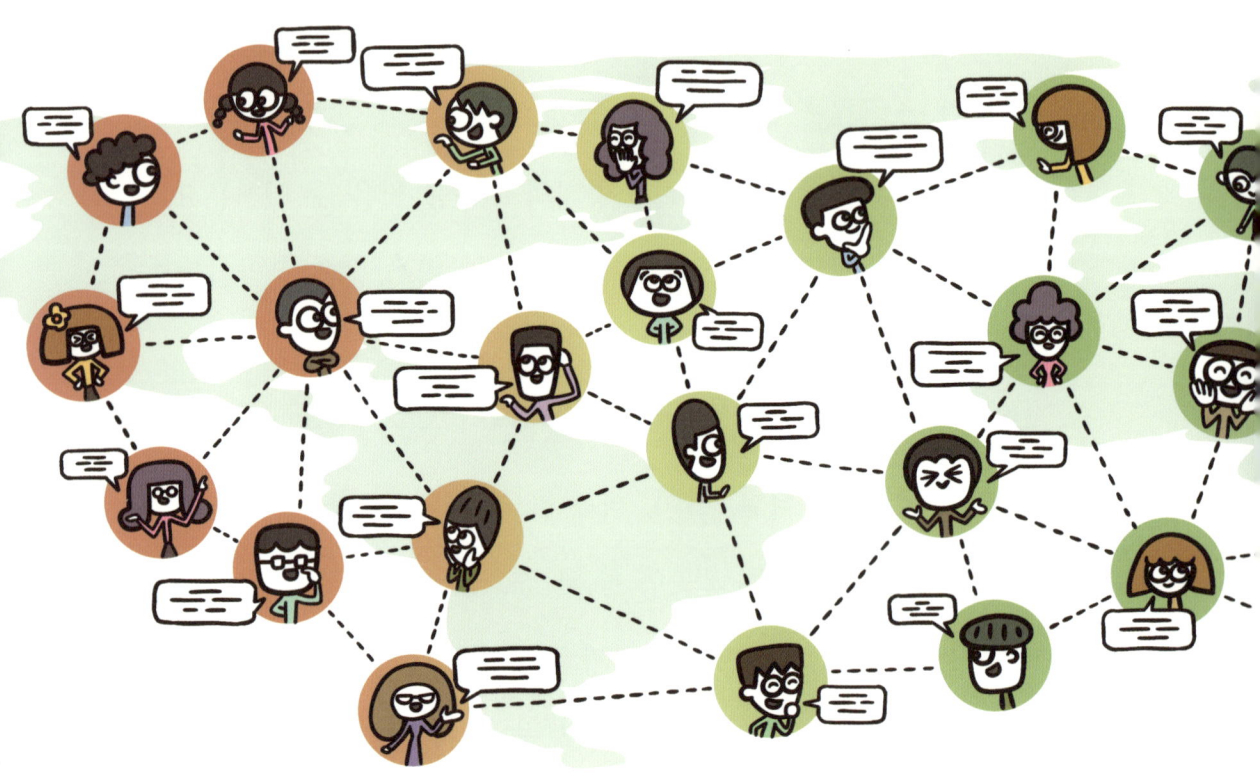

는 온라인 친구를 오프라인에서 사귄 친구보다 더 친밀하게 여길 수 있어요. 서로 말이 잘 통하니까 마음속 깊은 이야기를 훌훌 털

어놓을 수도 있고요.

온라인 친구는 세상을 보는 시야를 넓혀 주기도 해요. 다양한

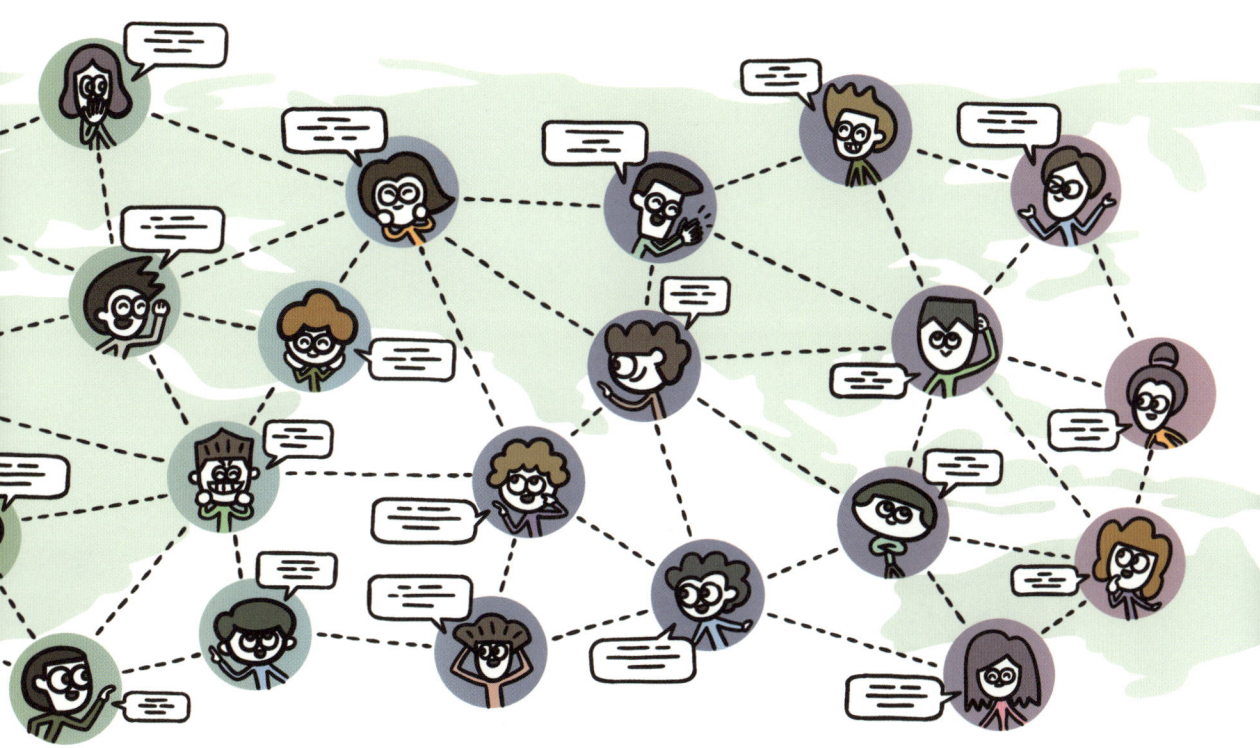

배경을 지닌 사람과 이야기하다 보면 새로운 문화와 사고방식을 접할 수 있거든요. 또 환경, 인권, 경제 등 내가 살고 있는 지역을

넘어 전 세계에 영향을 미치는 주제에 대해 함께 토론하며 글로벌 시민 의식을 키울 수 있는 기회도 생겨요.

거짓 친구를 조심해

온라인에서 친구를 만들고 우정을 쌓는 건 멋진 일이에요. 그런데 새로운 친구를 사귀고 싶다는 순수한 마음을 악용하는 사람도

우린 친한 친구잖아~.

있어요. 바로 거짓 친구예요.

온라인에서는 아이디, 프로필, 아바타 등 제한된 정보로 자신을 드러내요. 이건 나쁜 마음을 먹는다면 진짜 정체를 숨기고 다른 사람에게 접근할 수 있다는 뜻이기도 해요. 범죄자들은 익명성을 이용해 가짜 친분을 쌓고 사기를 저질러요. 어려움에 처했다며 돈을 보내 달라고 한 뒤 연락을 끊거나, 감추고 싶은 비밀을 털어놓으라고 한 뒤 태도가 돌변해 사람들을 협박하기도 해요. 이처럼 온라인에서 쌓은 친분을 범죄에 악용하는 일을 '로맨스 스캠'이라

고 해요.

그러니까 온라인에서 친구를 만들 때는 반드시 신중해야 해요. 감추고 싶은 비밀은 절대 함부로 털어놓지 말아요. 집 주소, 연락처 등 개인 정보도 쉽게 알려 주면 안 돼요. 오프라인에서 함부로 만나지 말고, 만나는 약속을 잡았다면 부모님께 반드시 위치를 알려야 해요. 혹시 집요하게 여러분의 정보를 파고드는 온라인 친구가 있다면, 거짓 친구가 아닌지 의심해 봐야 해요.

'폭력'이라고 하면 무엇이 떠오르나요? 보통 어두운 뒷골목처럼 인적이 드문 곳에서 약한 사람을 위협하거나 몸을 다쳐서 괴로워하는 사람들의 모습이 떠오를 거예요.

그런데 폭력은 가해자와 피해자가 직접 얼굴을 보고 만나지 않아도 일어날 수 있어요. 스마트폰으로 통하는 온라인 공간이 폭력의 무대가 되는 거지요. 이처럼 소셜 미디어, 모바일 메신저 등 온라인 공간에서 벌어지는 폭력을 '사이버 폭력'이라고 불러요.

사이버 폭력은 다양한 모습으로 일어나요. 온라인에서 누군가에게 두려움, 수치심, 피해를 주는 모든 행위가 사이버 폭력에 해당하지요. 사이버 폭력의 유형을 알아보고, 평소 나의 모습을 돌아봐요. 주변에 사이버 폭력으로 힘들어하는 친구가 없는지 살펴보고요.

- 모두가 볼 수 있는 공간에 다른 사람을 모욕하는 콘텐츠나 댓글을 올리는 일.
- 메시지나 이메일을 보내 다른 사람을 위협하는 일.
- 근거 없는 소문이나 거짓말을 퍼뜨리는 일.
- 거짓으로 다른 사람인 것처럼 사칭하는 일.
- 다른 사람이 알리고 싶지 않은 정보, 사진, 동영상을 퍼뜨려 수치심을 주는 일.
- 주소, 전화번호 등 다른 사람의 개인 정보를 몰래 퍼뜨리는 일.
- 대화방에 초대하지 않거나, 피해자만 남기고 대화방을 폭파하는 식으로 온라인 공간에서 누군가를 따돌려 외롭게 만드는 일.

누구나 사이버 폭력을 겪을 수 있어

사이버 폭력을 저지르는 가해자는 다양한 모습을 하고 있어요. 오프라인에서 만난 사람, 온라인에서 친분을 쌓은 거짓 친구, 나와 전혀 상관없는 익명의 누군가. 전부 나를 향해 욕설과 비난을 남기고 공격할 수 있지요.

가해자에게 스마트폰은 사이버 폭력을 저지를 수 있는 강력한 무기예요. 온라인에 접속할 수만 있다면, 덩치가 크거나 힘이 세지 않아도 누구나 사이버 폭력을 저지를 수 있거든요. 그래서 사이버 폭력은 현실에서 일어나는 폭력보다 더 빈번하게 일어나기도 해요.

가해자는 사이버 폭력을 심술궂은 장난으로 여기는 경우가 많아요. 물리적으로 때린 것이 아니기에 문제없다고 생각하거나, 피해자가 괴로워하는 모습을 눈앞에서 직접 보지 못하기 때문이지요. 그래서 실제 마주치면 절대 하지 못할 말이나 행동을 아무렇지 않게 해요. 이건 잘못된 생각이에요. 무대가 온라인이든 오프라인이든 폭력은 피해자에게 큰 상처를 입혀요. 특히 한 번 공

개된 정보가 쉽게 지워지지 않는 온라인에서는 더더욱 사이버 폭력의 흔적이 오래 남아 피해자를 괴롭히지요. 사이버 폭력은 신체를 공격하는 행위 이상으로 사람들을 아프게 하는 일이라는 것을 명심해야 해요.

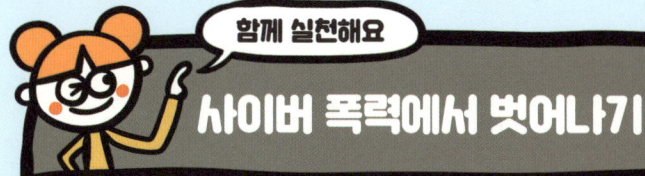

사이버 폭력에서 벗어나기

스마트폰을 쓰다 보면 누구나 사이버 폭력을 당할 수 있어요. 사이버 폭력을 당하면 어떻게 대처해야 할까요?

1. 차단, 신고 등의 기능을 이용해 가해자가 더 이상 공격하지 못하도록 막아요. 섣불리 맞대응하거나 공격하면 안 돼요.

2. 상대방의 행위가 장난이 아닌 폭력이라고 정확하게 의사를 표현해요. 낯선 사람이 지속적으로 메시지를 보내거나 무리한 요구를 하면 '싫다'라고 분명하게 이야기해요.

3. 온라인 친구를 만날 때는 조심해요. 보호자와 함께 가는 것이 좋아요. 만약 혼자 갈 때는 보호자에게 꼭 알려야 해요.

4. 자신을 보호할 증거를 확보해요. 가해자 아이디와 소통 기록, 사이버 폭력이 일어난 시간 등이 나오도록 스크린샷을 찍거나 사진 촬영을 해요. 때로는 증거를 확보했다는 사실을 가해자에게 알리는 것만으로도 추가 폭력을 막을 수 있어요.

5. 사이버 폭력이 일어나면 절대 혼자 해결하려 하면 안 돼요. 선생님, 부모님 등 보호자에게 적극적으로 알려요. 또 경찰이나 전문 기관에 신고하고 도움을 받아요.

6. 사이버 폭력을 당하는 원인이 자신에게 있다고 절대 자책하지 말아요.

'발품'이 아닌 '손품'을 파는 시대

혹시 '발품을 판다.'라는 표현을 들어 본 적 있나요? '어떤 것을 구하기 위해 수고를 들인다.'라는 뜻을 가진 표현이에요. 마음에 드는 물건을 사거나 같은 물건도 더 싼 가격에 사려면 두 발로 이곳저곳을 돌아봐야 한다는 의미에서 생긴 말이지요.

그런데 이제는 두 발로 걸어 다니지 않아도 다양한 판매자가 취급하는 물건을 보고 가격을 비교할 수 있는 시대가 되었어요. 누구나 스마트폰으로 온라인에서 물건을 사고팔 수 있게 됐기 때문이에요. 좋은 물건을 사려면 스마트폰 위에서 검지를 부지런히 움직여 '손품'을 팔아야 하지요.

스마트폰으로 쇼핑을 하는 건 참 편리해요. 부모님이 스마트폰으로 장을 보는 걸 본 적 있지요? 밤에 주문했는데 자고 일어나니 현관문 앞에 주문한 상품들이 놓여 있고요. 이처럼 스마트폰을 이용하면 침대에 눕거나 소파에 앉아서도 원하는 시간에 쇼핑을 하고 배송을 받을 수 있어요.

은행 업무도 손가락 하나로 처리할 수 있어요. 통장에 남은 돈

을 확인하고, 다른 사람에게 돈을 보내고, 통장을 만드는 일 모두요. 이처럼 스마트폰으로 언제 어디서나 금융 업무를 할 수 있는 서비스를 '모바일 뱅킹'이라고 해요.

맛집이나 병원에서 줄을 서는 일도 줄었어요. 집에서 스마트폰으로 미리 예약을 하고 대기 번호를 받으면 되거든요. 차례가 돌아왔다는 알림을 받고 움직이면 되니까, 그만큼 시간을 아낄 수 있어요.

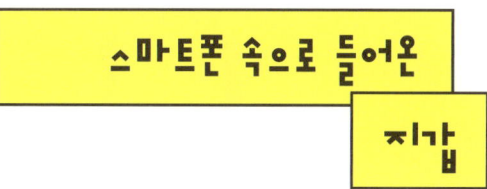

 몇 년 전만 해도 사람들은 지갑에 물건을 살 때 값을 치르기 위한 현금과 신용 카드, 대중교통을 탈 때 필요한 교통 카드, 내가 누구인지 증명하기 위한 신분증 등을 넣고 다녔어요. 또 기차표나 비행기 탑승권도 모두 지갑에 보관했어요. 그래서 외출할 때 꼭 필요한 물건들을 모두 담고 있는 지갑은 항상 터질 듯이 빵빵했지요.

그런데 요즘은 빵빵한 지갑을 들고 다니는 사람이 줄었다고 해요. 왜냐고요? 스마트폰을 전자 지갑으로 쓸 수 있거든요. 어쩌면 곧 지갑 자체를 들고 다니는 사람이 없어질지도 몰라요.

스마트폰 속 전자 지갑에 은행 계좌나 신용 카드를 연결하면, 현금이나 플라스틱 카드가 없어도 물건값을 치를 수 있어요. 버스나 지하철을 타고 내릴 때는 교통 카드를 꺼내는 대신 스마트폰을 승하차 단말기에 찍으

면 되고요. 신분증, 기차표, 비행기 탑승권도 모바일 문서로 발급받아 전자 지갑에 담을 수 있어요. 비행기를 탈 때 전자 지갑에 있는 탑승권을 열어 화면을 보여 주기만 하면 돼요.

게다가 전자 지갑은 보통 지갑보다 훨씬 안전해요. 전자 지갑을 열 때는 반드시 비밀번호, 지문, 얼굴 등을 이용해 자신이 주인이라는 걸 인증해야 하거든요. 인증하지 못하면 전자 지갑을 열 수 없어요. 그러니 스마트폰을 잃어버리더라도 누군가 신용 카드나 신분증을 훔쳐 나쁜 용도로 사용하기 어려워요.

스마트폰 탓에 불편한 사람도 있다고?

물론 모든 사람이 스마트폰이 주는 혜택을 누릴 수 있는 건 아니에요. 스마트폰이 없거나 잘 사용할 줄 모르는 사람들은 오히려 일상생활이 힘들어졌어요. 이게 무슨 뜻인지 자세히 알아볼까요?

요즘 우리나라에서는 은행 지점이 사라지는 일을 어렵지 않게 볼 수 있어요. 2015년에 4대 은행(국민은행, 신한은행, 우리은행, 하나은행)이 전국에서 운영하는 지점은 3,920여 개였는데 2022년에

는 2,880여 개로 줄었어요. 7년 만에 1천 개가 넘는 지점이 사라진 거예요. 모바일 뱅킹 때문에 오프라인 점포를 찾는 고객들의 발길이 뜸해지자, 하나둘 점포를 정리한 것이지요.

모바일 뱅킹을 쓰지 않는 사람들은 이러한 변화가 달갑지 않아요. 이들은 은행 업무를 하기 위해 과거보다 더 큰 시간과 비용을 들여야 하는 처지가 됐어요. 은행 점포를 찾아 더 먼 곳까지 이동해야 하거든요.

스마트폰 때문에 기차표를 사는 게 힘들어진 사람도 있어요. 그게 무슨 말이냐고요? 과거에는 대부분 기차표를 사기 위해 직접 기차역 창구에서 표를 구매했어요. 하지만 요즘은 많은 사람이 컴퓨터나 스마트폰으로 표를 구매해요. 직접 기차역에 가지 않아도 돼서 편리하고,

훨씬 빠르게 예매할 수 있거든요. 그럼 더 좋은 거 아니냐고요? 명절처럼 수많은 사람이 기차표를 사기 위해 몰리는 시기에는 스마트폰에서 빠르게 앱에 접속해 목적지를 고르고 결제까지 끝내

야 해요. 모든 일이 일사천리로 이뤄져야만 인파를 뚫고 온라인에서 벌어지는 표 구하기 전쟁에서 승리할 수 있지요. 이때는 기차역 창구에서 표를 구하는 것도 힘들거든요. 그래서 스마트폰 사용에 익숙하지 않은 사람들에게는 이런 일들이 무척 어려워요. 전쟁에서 패배하고 원하는 표를 얻지 못할 가능성이 크지요.

앞서 살펴본 사례들은 디지털 격차를 보여 줘요. 디지털 격차는 새로운 기술을 잘 받아들이는 계층에 비해 사회적으로 뒤처지는 현상으로, '디지털 디바이드(Digital Divide)'라고도 해요. 사실 디지털 격차는 미국에서 컴퓨터와 인터넷이 빠르게 보급되기 시작한 1990년대부터 사회 문제로 떠올랐어요. 그런데 최근 들어 스마트폰으로 인해 모든 일상생활이 온라인 서비스와 연결되기 시작하면서 문제가 더 심각해지고 있지요.

불편함을 넘어 불평등까지

디지털 격차가 심해지면 생존을 위협받는 사람들도 생겨요. 가볍게 여기기 어려운 심각한 사회 문제로 발전하지요. 스마트폰을 잘 다루지 못하면 어떤 일이 생기는지 좀 더 깊게 알아봐요.

요즘 일자리 정보가 가장 많이 올라오는 곳은 온라인이에요. 기업들은 어떤 사람을 언제까지 뽑는다는 정보를 웹사이트나 소셜 미디어에 올리고, 구직자들은 이러한 정보를 탐색해 일자리를 구해요. 무료 교육, 아동 수당처럼 정부에서 국민에게 지원하는 복지 혜택 정보나 특별한 학교에 가기 위한 진학 정보도 주로 온라인에서 찾을 수 있어요.

이런 환경에서 스마트폰을 잘 다루지 못하는 건 눈을 가리고 달리기 시합에 나가는 일과 비슷해요. 내게 맞는 일자리나 복지 혜택을 찾고 싶어도 어디로 접속해야 할지 몰라 답답해요. 가까스로 정보를 얻어도 신청 과정에서 난관을 만나요. 필요한 앱을 찾아 다운로드하고, 모바일 인증을 하고, 개인 정보를 입력하는 복잡한 단계를 넘는 게 버거워요. 그 과정에서 신청 기한을 넘기거나 신청을 포기하는 경우도 생기지요. 스마트폰 활용 능력에 따라 기회의 격차가 생기는 거예요.

사회적으로 목소리를 내는 것도 어려워요. 민주주의 사회에서는 정부가 시민들이 가진 다양한 생각들을 정책에 반영하고, 국가를 운영해요. 이때 시민들이 내는 목소리는 여론이라고 불러요.

디지털 기기와 통신 기술이 발달하면서 시민들이 서로 의견을 교환하고 여론을 만드는 공간은 오프라인 모임에서 인터넷과 소셜 미디어로 이동했어요. 이런 상황에서 스마트폰을 사용할 수 없다면, 시민으로서 목소리를 낼 수 있는 도구 중 하나를 잃어버린 것과 다름없어요.

디지털 격차는 왜 나타날까?

불편을 겪거나 사회에서 소외되는 게 싫다면 스마트폰을 쓰면 되지 않느냐고요? 스마트폰을 사용하는 게 그렇게 어려운 일이 아니라고요? 태어날 때부터 스마트폰과 함께 자라서 '디지털 원주민' 또는 '디지털 네이티브(Digital Native)'라고 불리는 어린이들은 그렇게 생각할지도 몰라요. 하지만 디지털 격차를 뛰어넘는 건 한강을 헤엄쳐 건너가는 일만큼 어려워요.

어떤 사람들이 디지털 격차 탓에 괴로워할까요? 디지털 세상에서 소외된 사람들은 대개 오프라인에서도 약자인 경우가 많아요. 신체 장애를 갖고 있다면 스마트폰을 쓰는 게 힘들어요. 시력을 잃었거나 손가락을 움직일 수 없다면 터치스크린으로 스마트폰을 조작하는 데 어려움이 있겠지요? 새로운 기술에 익숙하지 않은 노령층도 스마트폰 기능을 100퍼센트 활용하진 못할 거고요.

사는 지역에 따라 디지털 격차가 생길 수도 있어요. 통신망에 연결되지 않는 깊은 산속이나 섬에 살고 있다면 온라인에 쉽게 접속하기 어렵거든요.

가난한 사람들도 디지털 격차에 시달려요. 데이터를 맘껏 쓸 수 있는 요금제를 사용할 만큼 형편이 넉넉하지 않다면, 스마트폰을 제대로 활용하기 어려울 수도 있거든요.

그래서 우리는 모든 사람이 디지털 기술과 서비스의 혜택을 누릴 수 있는 세상을 만들어야 해요. 시각 장애인도 스마트폰을 쓸 수 있도록 화면에 있는 정보와 이미지를 소리 내어 읽어 주는 온라인 서비스를 개발하고, 노인에게 스마트폰 사용법을 가르치는 일 등에 관심을 가져야 해요. 이처럼 디지털 격차와 디지털 소외 시민이 없는 사회를 만들기 위해 하는 활동을 '디지털 포용'이라고 불러요.

가난한 나라의 디지털 격차

 혹시 '기울어진 운동장'이

라는 말을 들어 보았나요? 축구를 할 때 운동장이

자기 팀 골대 쪽으로 기울어져 있다면, 상대 팀이 훨씬 골을 넣기

쉬워요. 이런 곳에서 시합을 하면 아무리 열심히 뛰어도 경기에

서 이기기 어렵지요. 기울어진 운동장은 이처럼 극복하기 힘든 불리한 환경에서 경쟁하는 상황을 의미해요.

　가난한 나라와 부자 나라가 한 산업을 두고 경쟁을 벌인다고 상상해 봐요. 저런, 운동장이 가난한 나라 쪽으로 가파르게 기울어져 있네요. 가난한 나라 국민들이 온 힘을 다해 달려도, 부자 나라를 앞지르는 게 쉽지 않겠어요. 도대체 이렇게 불공평한 운동장은 누가 만들었을까요? 범인은 바로 디지털 격차예요.

지구상에서 심각한 빈곤에 시달리는 나라들을 최저 개발국이라고 불러요. 국제 연합(UN)에서는 방글라데시, 캄보디아, 마다가스카르, 소말리아, 아이티 등 40여 개 나라를 최저 개발국으로 분류하고 있어요. 최저 개발국에서는 스마트 기능이 없는 제품까지 포함해 휴대 전화를 가진 성인이 전체 인구의 절반에 불과해요. 부유한 나라 사람들이 신제품이 나올 때마다 새로운 스마트폰으로 턱턱 바꾸는 모습과 비교되지요. 최저 개발국에서는 스마트폰이 아무나 가질 수 없는 사치품인 거예요.

비용 부담 때문에 모바일 데이터를 마음껏 쓸 수도 없어요. 2022년 한 국제 비영리 단체에서 발표한 자료를 보면 최저 개발국 국민들은 단 1기가바이트의 모바일 데이터를 구매하기 위해 월평균 소득의 5.7퍼센트를 써야 한대요. 720p 화질로 유튜브를 아홉 시간 동안 보려면 한 달 동안 버는 돈의 절반을 내야 하는 것이지요.

요즘은 전 세계 모든 정보가 온라인을 통해 우리의 스마트폰으로 실시간으로 전달된다고 했지요? 그래서 스마트폰은 물론이고 휴대 전화도 갖지 못한 사람들은 빈곤에서 벗어나는 게 어려워요. 다양한 지식과 정보를 얻을 기회를 차단당했으니까요. 그래서 가난한 나라에 사는 사람들은 점점 더 정보를 제공받기 어렵고, 점점 더 가난해지는 악순환에 내몰리게 돼요.

함께 실천해요

디지털 포용 방법 생각하기

여러분이 세상을 더 살기 좋은 곳으로 바꾸는 발명가, 교육자, 정치인 같은 직업을 갖게 되었다고 상상해 봐요. 더 많은 사람이 스마트폰을 비롯한 디지털 도구를 잘 활용할 수 있게 만들려면 무엇을 해야 할까요? 디지털 포용을 위한 따뜻하면서도 창의적인 아이디어를 생각해 봐요.

1. 눈이 잘 안 보이거나, 손을 움직이기 어려운 사람들

2. 전력, 통신망 등 기반 시설이 부족한 지역에 사는 사람들

3. 모바일 데이터 요금을 내는 게 부담스러운 사람들

4. 새로운 기술을 배우는 게 느린 사람들

5. 가난한 나라에서 태어난 사람들

자꾸만 새 폰으로 바꾸고 싶어

스마트폰을 바꾼 지 얼마 지나지 않았는데 또 바꾸고 싶다고요? TV에서 최신 스마트폰 광고가 나오면 도무지 눈을 뗄 수가 없다고요?

여러분이 그런 마음이 드는 것도 당연해요. 지난 20여 년 동안 스마트폰은 눈부시게 발전했어요. 애플, 삼성전자 등 제조사들은 더 빠른 프로세서, 더 크고 선명한 화면, 더 오래가는 배터리, 더 뛰어난 카메라를 장착한 스마트폰을 매년 내놓고 있어요. 예를 들어 애플이 2007년 출시한 아이폰 1세대는 320×480 픽셀의 해상도 스크린을 장착하고, 최고 16기가바이트의 저장 공간을 제공했어요. 시간이 흘러 2024년 출시한 아이폰 16세대가 장착한 스크린 해상도는 최고 2868×1320 픽셀, 저장 공간은 최고 1테라바이트나 돼요. 1테라바이트는 무려 1,024기가바이트나 되는 엄청난 용량이에요.

이뿐만이 아니에요. 그사이에 스마트폰은 다양한 기능이 추가됐어요. 인공 지능을 이용해 외국어를 실시간으로 번역하거나,

지문 또는 얼굴을 인식해 주인을 인증하는 보안 기능 등을 활용할 수 있지요. 2007년에 출시된 스마트폰에서는 상상도 할 수 없는 일이었어요.

　스마트폰의 형태도 진화했어요. 화면을 세로나 가로로 접을 수 있는 스마트폰이 만들어져 많은 사람이 사용하고 있지요. 돌돌 말아 두었다가 필요할 때 크게 키울 수 있는 스마트폰도 출시를 앞두고 있고요. 어때요? 짧은 시간 안에 스마트폰이 놀랍게 진화하지 않았나요?

　필요한 기능이 있어서 스마트폰을 바꾸는 사람도 있지만, 단지 최신 제품을 갖고 싶거나 남들에게 뽐내고 싶어서 새 스마트폰을 사는 사람도 많아요. 지갑을 열 때는 이성보다 감성이 더 강력한 힘을 발휘하거든요. 기업들은 이러한 소비자들의 마음을 파고들어 최신형 스마트폰을 더 많이 팔기 위한 전략을 짜요. 연예인, 운동선수, 인플루언서처럼 우리가 선망하는 대상을 총동원해 광고를 하지요. 멋지게 차려입은 스타들이 새 스마트폰을 들고 있는 모습을 보면 구매 욕구가 마구 샘솟거든요.

가격이 비쌀수록 잘 팔린다고?

우리가 시장에서 물건을 고를 때 가장 중요하게 여기는 것은 가격이에요. 비슷한 물건이라면 보통 가격이 더 쌀수록 잘 팔리지요. 그런데 스마트폰은 달라요. 소비자들은 기능이 적당한 스마트폰보다 유명 브랜드에서 나온 최고급 제품을 더 선호해요. 마치 24시간 내 곁에 있는 스마트폰이 나를 돋보이게 만드는 데 제격이라고 생각하는 것처럼 말이에요.

그래서 스마트폰은 비싼 모델일수록 더 잘 팔리는 이상한 일이 벌어지고 있어요. 2017년에는 새로 팔리는 스마트폰 40대 중 네 대가 고가 스마트폰이었는데, 2023년에는 고가 스마트폰 판매 비중이 40대 중 열 대까지 늘었다고 해요.

이처럼 자신이 더 특별하고 멋지게 보이기 위해 비싼 물건을 사는 현상을 '베블런 효과'라고 불러요. 미국의 경제학자 소스타인 베블런이 처음으로 발견해서 이름을 붙였지요. 고가 스마트폰처럼 가격이 비쌀수록 수요가 오히려 증가하는 물건은 '베블런재'라고 불러요.

스마트폰이 앞당긴 종이 없는 세상

우리가 무심코 주고받는 종이 영수증이나 고지서는 지구를 아프게 해요. 환경부가 발표한 자료를 보면 지난 2018년 우리나라에서 발급한 종이 영수증은 무려 129억 건이에요. 종이 영수증을 이만큼 만들기 위해 필요한 나무는 12만 8,900그루나 되고, 발행 과정에서 나오는 온실가스는 2만 3,000톤이나 되지요. 게다가 종이 영수증을 버릴 때 나오는 쓰레기도 약 9,358톤이나 되고요. 영수증을 만드는 데 종이를 사용하지 않는다면, 산림을 지킬 뿐 아니라 쓰레기를 줄이는 데도 큰 도움이 될 수 있겠지요?

그래서 대형 마트, 카페 등 영수증을 많이 발급하는 곳에서는 종이 대신 스마트폰으로 모바일 영수증을 보내기 시작했어요. 전기, 수도, 도시가스 등 한 달에 한 번씩 납부해야 하는 공공 서비스 요금 고지서나 인터넷, 휴대 전화 등 통신 요금 고지서도 전자 문서로 받을 수 있어요. 스마트폰에 해당 앱을 깔고 고지서를 확인하면 돼요. 이렇게 하면 종이 영수증이나 고지서를 만들고 폐기하는 데 들어가는 자원과 비용을 아낄 수 있지요.

게다가 종이 대신 전자 문서를 이용하는 건 환경 보호 외에도 다양한 이점이 있어요. 종이처럼 잃어버릴 걱정이 없고, 오래된 기록도 언제든 화면 위로 불러올 수 있지요. 종이를 버리는 과정에서 카드 번호나 주소 등 개인 정보가 유출될 위험도 줄일 수 있고요.

버리는 스마트폰은 지구의 눈물

스마트폰으로 인해 종이 사용이 줄어드는 건 정말 좋은 일이에요. 그런데 종이를 절약

해서 아끼는 비용보다 스마트폰 탓에 내야 하는 비용이 더 크다면 어때요? 그야말로 배보다 배꼽이 더 크다는 속담이 떠오르네요.

지금 우리가 처한 상황이 딱 이래요. 소비자들은 자꾸 새 스마트폰을 사고, 전에 쓰던 멀쩡한 스마트폰을 버려요. 버려진 스마트폰은 전자 폐기물 신세가 돼요. 전자 폐기물은 컴퓨터, 스마트폰, TV, 냉장고 등 더 이상 쓸모없어진 전자 기기를 말하지요.

스마트폰 한 대는 한 손에 쏙 들어오는 크기니까, 스마트폰이 만드는 쓰레기가 별로 많지 않을 것 같다고요? 전혀 그렇지 않아요. 한 국제 비영리 단체가 2022년 한 해에만 전 세계에서 무려 휴대 전화 53억 대가 버려졌다고 발표했어요. 버려진 휴대 전화 53억 대를 차곡차곡 쌓으면 높이가 무려 5만 킬로미터가 될 정도래요. 정말 믿을 수 없지요?

게다가 버려진 스마트폰에는 환경을 오염시키는 물질이 들어 있어요. 스마트폰을 만들 때 납, 니켈, 카드뮴 같은 중금속이나 플라스틱처럼 시간이 지나도 썩지 않는 소재를 쓰거든요. 이러한 물질이 땅에 스며들고, 대기에 퍼지고, 바다에 흘러든다면 지구에 사는 생명체들에게 큰 위협이 돼요.

스마트폰을 많이 쓰면 생기는 일

스마트폰을 하루 종일 사용하면 지구에 어떤 일이 생길까요? 스마트폰을 사용할 때 매연이나 폐수가 나오는 건 아니니, 별일이 생기지 않을 것 같다고요? 정말 그럴까요?

요즘 스마트폰 탓에 전 세계적으로 전기 사용량이 빠르게 증가하고 있어요. 국제 에너지 기구가 조사한 자료를 보면 최근 30년 사이에 인류가 사용하는 전기는 세 배 가까이 늘었어요. 특히 유튜브, 게임 등 온라인에서 다양한 서비스를 하기 위한 기반 시설인 데이터 센터가 전기를 먹어 치우는 주범으로 꼽히지요. 지구상에는 8천 개가 넘는 데이터 센터가 있는데, 2022년 기준 세계 전력 소비량 중 무려 2퍼센트가 데이터 센터를 가동하는 데 쓰였다고 해요.

늘어난 전력 수요를 맞추려면 여러 방법으로 전기를 발생시켜야 해요. 그런데 전기를 만드는 과정에서 환경에 부담을 주는 일이 많이 일어나요. 화력 발전소에서 전기를 만들기 위해 석탄을 태우면 온실가스와 미세 먼지가 나오고요. 원자력 발전소에서 전기를 일으키면 방사성 폐기물이 남지요. 방사성 폐기물은 생물의 세포에 돌연변이를 일으키는 방사능을 내뿜는 위험한 물질이에요. 우리는 태양광, 풍력, 지열 등 친환경 에너지원을 이용해 전기를 만들고 있어요. 하지만 화력이나 원자력만큼 충분한 전기 에너지를 생산하진 못하고 있지요.

정리하면 스마트폰 탓에 전기 사용량이 늘었고, 전력 수요를 맞추는 과정에서 환경이 오염된다는 이야기예요. 이제부터 꼭 필요한 만큼만 전기를 쓰도록 스마트폰 사용 습관을 바꿔 보아요.

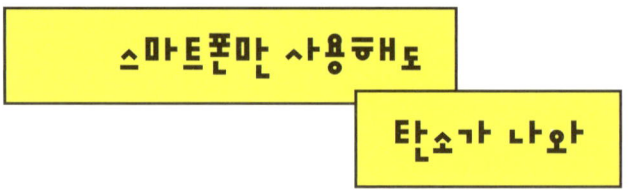

'탄소'라는 말을 들어 봤나요? 탄소는 원래 생명체를 구성하는 기본 원소 중 하나예요. 그런데 요즘은 우리가 내뿜는 온실가스를 가리키는 말로도 쓰여요. 지구 온도를 높이는 데 가장 결정적인 역할을 하는 기체인 이산화 탄소를 구성하는 중심 원자가 탄소거든요. 이산화 탄소는 석유, 석탄, 천연가스 등 에너지를 얻기 위해 화석 연료를 태울 때 많이 나와요. 이 밖에도 메탄, 아산화 질

소 같은 기체도 온실가스로 분류해요.

 탄소 탓에 지구가 점점 뜨거워지면 어떤 일이 생길까요? 폭염, 한파, 폭우, 가뭄 같은 극심한 이상 기후가 나타나요. 극지방에 있는 빙하가 녹아서 물에 잠기는 지역이 생기고 동물과 식물이 사는 생태계에도 변화가 생겨요. 마치 우리가 열이 펄펄 끓을 때 몸 이곳저곳이 아픈 것과 비슷하지요.

 그런데 지구에 사는 사람들이 내뿜는 탄소가 시간이 갈수록 늘고 있어요. 물건을 만들고, 자동차를 타고, 육류를 먹기 위해 가축을 키우고, 화학 비료를 이용해 농사를 지을 때마다 끊임없이 탄소가 배출되거든요. 스마트폰을 쓸 때도 탄소가 나와요. 우리가 스마트폰을 한 번 사용할 때 얼마나 많은 탄소가 배출될 것 같나요? 이게 궁금하다면 디지털 탄소 발자국을 살펴보면 돼요. 탄소 발자국이란 모래나 눈길을 걸을 때 발자국이 남는 것처럼 우리의 활동이 남기는 탄소를 보여 주는 거예요. 보통 무게 단위로 표현하는데, 숫자가 클수록 탄소를 더 많이 만든다는 뜻이지요. 스마트폰 생산 및 운송은 50~80킬로그램, 데이터 1메가바이트 사용은 11그램, 이메일 한 통 전송은 4그램, 전화 통화 1분은 3.6그램, 유튜브 10분 시청은 1그램, 인터넷 검색 한 번은 0.2그램의

탄소를 배출해요. 탄소 발자국을 줄여서 건강한 지구를 지키기 위해, 오늘부터 스마트폰 사용 습관을 바꿔 볼까요?

 함께 실천해요

탄소 발자국을 줄이는 스마트폰 사용법

스마트폰 사용 습관을 바꾸면 탄소 발자국 크기를 줄일 수 있어요. 지금부터 지구를 지키는 스마트폰 사용 방법을 알려 줄 테니 하나씩 실천해 볼까요?

1. 새 스마트폰 구매 미루기

스마트폰은 처음 1년 동안 가장 큰 탄소 발자국을 만들어요. 스마트폰을 만들고 운반하고 판매하는 과정에서 이산화 탄소가 많이 나오거든요. 지구를 위해 새 스마트폰 구매를 미뤄 봐요.

2. 스마트폰 사용 시간 줄이기

전력 소모를 줄이는 가장 좋은 방법은 스마트폰을 덜 사용하는 거예요. 잠잘 때 스마트폰을 꺼서 전력 소모를 줄여요.

3. 화면 밝기를 낮게 설정하기

스마트폰 화면 밝기를 100퍼센트에서 70퍼센트로 낮추면 전력 소모를 20퍼센트 정도 줄일 수 있어요.

4. 동영상 해상도는 낮게, 스트리밍 대신 다운로드하기

해상도가 높을수록, 다운로드가 아닌 스트리밍으로 볼수록 동영상 재생에 필요한 데이터가 커요. 따라서 적당한 화질의 동영상을 다운로드해 시청하는 습관을 가져요.

5. 잠자는 스마트폰 중고로 판매하기

사용하지 않는 스마트폰을 중고로 판매해요. 스마트폰에 새로운 주인을 찾아 주면, 새 스마트폰을 생산하며 나오는 탄소 배출량을 줄일 수 있어요.